縄文人が育て世界に羽ばたいた

大豆（グレート ビーン）

その歴史と可能性

加藤　昇

幸書房

はじめに

大豆は不思議な生命力をもった植物だと思わずにはいられません。大豆がこの世に生まれてきたのは今から5千年ほど前、中国、韓国とほぼ同じ時期に、我が国にも野生のツルマメから変身して大豆が生まれたのです。しかし大豆が雑草のツルマメから変身するまでに、古代の縄文人たちがいかに長い時間をかけてツルマメの栽培を繰り返していたことか、そして繰り返し種を蒔いている時に、より大きな種子を選んで種まきをするという努力を繰り返したことによって、現在のような大粒の大豆に変身したと考えられます。つまり今や世界の五大穀物の一つとされている大豆は、この東アジアの一角で古代人たちの努力によって生まれたものなのです。

こうして生まれてきた大豆は、当然のことながら大豆にとっての発芽・成長に必要な成分を、種子の中に閉じ込めていますが、それらの成分がなんと我々人間の健康に必要なタンパク質、油脂、さらには更年期障害を緩和してくれるイソフラボンや、認知症予防に効果があるとされるレシチン、体の若さを保つビタミンEなど、人の健康に役立つ成分を多く含んでいる種子となっているのが不思議です。さらにそこに含まれているタンパク質もアミノ酸スコア１００という人の体に最適なアミノ酸組成で出来ており、また油脂も必須脂肪酸といわれる、人の体では合成出来ない大切な油脂を含んでいるのです。まさに現代の私たち人類の健康の為に準備万端整えて生まれてきてくれたかのように見えるのが不思議です。しかもそれらの栄養成分を長期保存が可能な頑丈な種子の中に閉じ込めておいてくれていたので、我々にとって秋に収穫した大豆を数年間貯蔵しながら非常時に備えることができる貴重な穀物となっているのです。このように一粒の中に必要な栄養をバランスよく備えている大豆だからこそ、最近の1、2世紀に起った戦争という非常事態で大きな役割を演じることが出来たのでしょう。

私たちが最もイメージしやすい大豆の利用は、日常の食卓に現れる食品への用途ではないでしょうか。今日一日に自分が食べた食事を振り返ってみると、いかに私たち日本人の食生活が大豆食品を利用しているか、改めて驚かされることでしょう。

しかし、それらには奈良時代や平安時代に、中国や朝鮮半島から持ち込まれた東アジアの食文化の影響や、寺院や民衆の中で作り上げられてきた食の歴史が何層にも積み重ねられていることにも思いめぐらしておきたいものです。私たちは何気なく、店頭で購入している大豆食品も、こうした先人たちの知恵の結晶といえるでしょう。あとの項で詳しく説明しますが、豆腐をみても、そこには昔のモンゴル地方の食文化が原点となっており、万里の長城をはさんだ幾多の戦いの中から生まれてきた大豆食品と見ることもできるのです。同じように味噌にしても醤油にしても、その他どれ一つをとってみてもそれぞれには深くて長い道のりを無視することは出来ません。私たちの祖先である縄文人や弥生人が大豆をどのように調理して食べていたのか、想像してみたことがありますか。彼らが考えた大豆の食べ方の恩恵を現在の私たちは受け継いでいるのかもしれません。こうした流れの末端において私たちは現在、大豆食品を手にしているのです。

そして大豆はここ百余年の間にアジアの一隅から世界に飛び出していった、激動の歴史を持っているのです。そこには満州という、今では存在していない中国東北部を出発点として、世界戦争にも遭遇しながら大豆の活躍の舞台が世界へと広がっていきました。こうして大豆は世界大戦や戦後の困窮した食糧事情の中で大きく羽ばたき、世界の五大穀物の一つへと成長していったのです。

そのようなダイナミックで波乱に満ちた大豆の足跡をみんなで再確認しておきたいと思います。

目次

目　次

目　次

目　次

1　大豆の誕生

1.1　大豆は野生のツルマメから変身

大豆は先祖種であるツルマメから変身したものです。このツルマメは、今も日本各地の野原などで見ることができる野生のつる性植物です。では、このツルマメからいつどこで大豆に変わったのか、このことを知るために、研究者たちはツルマメと大豆との中間体とされる栽培種を探していました。遺跡などから出土した大豆種子が栽培種かどうかを判断するのは、種子の大きさの変化がひとつの目安とされています。ツルマメは種子の大きさが１～２㎜程度の小粒であり、現在の大豆と比べると種子の大きさに大きな隔たりがあります。そしてこの中間体と思われる大豆が最初に見つかったのが中国の東北部、かつて満州地方と呼ばれていた地域でした。

図１　ツルマメ

牧野日本植物図鑑より

日本でもこのツルマメを今も各地の野原で見かけることができますが、つくば市にある国の研究機関「農業生物資源ジーンバンク」には、日本各地で採取されたツルマメの種子が保存されています。これらツルマメは、さやの中に小粒のマメが数粒並んでいるのが一般的な姿です。現在見られる大豆は、このツルマメを縄文人によって種を蒔き続けられているうちに、徐々にその粒形を大きくしていき、大豆へと変身していったとされています。

初めて大豆の中間体が見つかったのが中国東北部の、かつては満州と呼ばれていた地方でした。当時は、世界の大豆の主産地がここであったことと、中国の古い文献の中に、この地域に住んでいた朝鮮の古代民族である貊族（こまぞく）が栽培していた大豆を、紀元前7世紀の初め頃、斉の国の桓公が満州南部と見られる地方を制圧して持ち帰り、戎菽（チュウシュク）と名づけたとの記録があることなどから、満州発生説が有力になりました。

農作物の起源調査で有名なロシアの植物学者ニコライ・バビロフ（一八八七～一九四三）も、大豆の発祥の地は中国東北部、満州であるとしていました。しかしその後、中国の研究者たちが中国全土に亘って調査・収集を行った結果、満州以外からも広くこの中間体が発見されており、現在ではツルマメから大豆への進化は中国の特定の地域で起こったのではなく、複数の地域で並行的に発生したものと考えられています。

日本最古の大豆は縄文時代の遺跡から

わが国の遺跡からの大豆の出土について、最も古いものとされていたのは、山口県にある宮原遺跡からのものて、弥生時代前期のものとされていました。それは一九七二年七月、新幹線の工事中に発見されたもので、この遺跡から4粒の大豆が発見されています。この宮原遺跡以外でも、いくつかの大豆の出土品が見つかりましたが、弥生時代のこの時期をさかのぼるものはありませんでした。

日本の豆類の歴史は縄文時代前期からと考えられています。それは、古墳から出土した最も古い豆類が縄文前期の福井県三方町の鳥浜遺跡からのリョクトウが最初とされていたからです。一九六二年から25年間かけて発掘されたこの遺跡からは、大量の遺物が発掘されました。漆塗り盆、石斧柄、縄、しゃもじ等々、豊かな縄文人の生活を彷彿とさせるものであり、それは対馬暖流に乗ってフィリピン東海岸沖に源を発し、中国華南へと結びつく文化の香りがするものでした。また、九州では縄文後期後半以降にアズキ、またはリョクトウと考えられる出土史料がありました。

しかし縄文時代からの大豆の出土はありませんでした。

ところが二〇〇七年になって、相次いで大豆の出土品が見つかったのです。そのひとつは熊本大学のグループが見つけたもので、従来の定説よりもさらに千年古い縄文時代後期の、今から3600年前のものと推定されました。彼らは土器の表面や内部に残された植物の種子の跡を型にとって、顕微鏡で観察するという「レプリカ法」を用いて調べていました。この方法で長崎県大野原(おおのばる)遺跡、熊本県三万田(みまんだ)遺跡から出土した、縄文時代後期~晩期にかけての土器4点から大豆の痕跡を発見したのです。さらに、その痕跡から、それらの大豆は栽培種であったことが明らかにされています。

ところが、その直後に山梨県北杜市にある酒呑場（さけのみば）遺跡から出土した、縄文時代中期の井戸尻式土器から大豆の圧痕が見つかったと発表されました。これは山梨県立博物館の研究グループなどによって確認されたもので、熊本大学が発表したものよりさらに１５００年ほど前にさかのぼる、約５千年前の大豆とされています。このグループもやはり「レプリカ法」で出土した土器などを観察したもので、大豆特有の「へそ」によって確認されました。現時点ではこの発見が最も古い大豆だとされています。

このツルマメに端を発した野生の大豆は、現在私たちが目にする大豆に比べても小さなマメであったと思われますが、遺跡の出土から見ても大豆への変化は急速にすすんでいたようです。

大豆は米と一緒に広がったか

５千年前に縄文人たちの栽培によってツルマメから大豆に変わっていったということは、縄文人たちはそれよりもはるか前からツルマメを栽培していたことになります。あるいは縄文人たちのツルマメ栽培は、鳥浜遺跡の縄文時代前期（約７千年前）のリョクトウにもつながり、当時はすでに主要な食料とされていたとも考えられます。これらから知られる姿は従来の縄文人たちの狩猟生活のイメージとは違った、積極的な社会活動をうかがわせるものであり、大変興味深く見ることが出来ます。

この縄文時代中期に大豆が出土した酒呑場遺跡の時代に続いて、弥生時代前期の山口県宮原遺跡、弥生時代後期の静岡県井場遺跡・滝川遺跡、さらには群馬県の八崎遺跡、千葉県阿玉台遺跡などからも大豆の出土が続いています。そしてこれらの遺跡からは米が大豆と共に出土するようになるのです。この米と大豆の出土比率は、九州周辺地域では弥生前・中期でほぼ同等でした。こうして大豆と米の出土は、その後西日本地域では弥生中期に、東日本地域では弥生時代後期~古墳時代にかけて、その比率は同等になっているのです。このことから縄文時代中期に日本の中部地方か西関東あたりで大豆の栽培が始められ、その後西日本へ拡散していき、九州地方から大豆は稲作と一緒に徐々に北上していった可能性が高まっています。

さらに大豆の登場が米の伝播と同時期だとしたら、米にはないアミノ酸のリジンを大豆が補完することが近年の研究でわかっており、この組み合わせで、人間に必要なアミノ酸バランスが整い、バランスのよいタンパク質の摂取が可能となるのです。こうして縄文時代に日本に登場した米と大豆により、古代人たちにとって体に良い食べ物となり、日本人の食事がその後、この二つの食材を中心に続けられてきたのではないでしょうか。

今では、大豆には良質のタンパク質と必須脂肪酸に富んだ優れた食糧との認識が行き渡っていますが、縄文時代の人たちにとってはそんなことは知るはずもありません。しかし毎日の生活の中でこの組み合わせの食べ方が、最も体に元気が湧いてくるという実感があったのだと思われます。

現代では人の健康を維持増進する働きがあるとして、大豆の5つの成分が特定保健用食品として認定されています。それは、

①　大豆タンパク質：血中コレステロールの濃度を低下させる
②　大豆ペプチド：コレステロールの代謝改善や高血圧患者の血圧を降下させる

③　大豆ステロール：血中コレステロールの濃度を低下させる
④　大豆オリゴ糖：腸内細菌のビフィズス菌を増殖促進させる
⑤　大豆イソフラボン：骨粗しょう症の発症を抑制する効果

このように一つの食品で複数の健康機能を持っているのは、大豆以外にはありません。このような大豆を縄文人たちが選んで子孫へと伝えてきたのには、何らかの手ごたえを感じていたと想像しています。こうして大豆栽培は稲作の普及と共に全国に広がっていったのです。

もちろん我が国の大豆は国内でツルマメから発展したものだけではなく、中国長江流域から伝えられたものや、東南アジアから伝播した大豆も織り交ぜながら、各地でいろいろな大豆が登場し、稲作の導入に伴って東日本へと広がっていった姿が想像されます。このように米と大豆はその初期の段階から相補いながら共に発展していった歴史を持っているのです。

縄文時代とはどんな時代だったのか

では、この大豆の痕跡が見つかったとされる縄文時代中期とはどんな時代だったのでしょうか、現在私たちが目にすることが出来る同時代の遺跡の一つが青森県にある三内丸山遺跡です。ここには縄文時代前期・中期（BC三九〇〇～BC二二〇〇）の数々の出土品が見つかっています。ここから出土した遺物を見ると、縄文時代に対する我々の認識を大きく変えることになります。そこには縄文時代のこの地が、想像していたような未開の土地でなかったことに驚かされます。そしてこれらの時代は気候が温暖で人口が増加していた豊かな時期であったこともわかっているのです。

地球の歴史を振り返ってみると今から12万年前には地球は温暖な時期があり、氷河も解けて海面が上昇しており、今の東京は海の底に沈んでいたとされています。ところが2万年前になると再び氷河期に入り、東京湾の水位は逆に今より130ｍも下位だったとされています。そして縄文時代に当たる6千年前には再び温暖化が進み、現在の東京の下町地帯に相当する土地は水没していたと考えられ、現在よりも海面が3ｍほど高かったと言われています。このように大豆が生まれた時代は現代よりも温暖であり、海岸が内陸部へと広がっていた、水が豊かな時代だったようです。

彼らの生活は、六畳一室くらいの竪穴式住居に住んでおり、5~10人家族による集落をつくっていたことが想像されています。同じ時期の富山県小竹貝塚からは50歳以上の人骨が発見されていますが、それは大腿骨を骨折して機能しなくなった足を縛って暮らしていたことがわかっています。また北海道の高砂・入江貝塚からは20歳前後の人骨で、子供の頃からの小児まひで自力では歩くことが出来ない人だとされています。それらいずれもが深い人のつながりの中で、助け合いや介護が行われていた様子が想像されるものであり、豊かな村社会が成立していたことが考えられます。

当時の人々の衣類は、植物の繊維を編んで作った服であり、女性たちはアクセサリーを身につけておしゃれを楽しんでいたようです。また三内丸山遺跡からは、そこから700㎞も離れている新潟県の糸魚川で採れるヒスイや、北海道の白滝、置戸、十勝三股などで採れる黒曜石も見つかっており、すでに広域にわたる交流があったことが想像されます。また、漆器を縄文人がつくっていたのには驚きです。そこにはお互いに共通語を喋りながら交流をしていたことも想像することが出来ます。

この時期になると人口も増加していたので、それまでの狩猟や採取を中心とした食糧の確保だけでは間に合わなくなっていた様子がみられます。縄文中期の気候が温暖な時期には、東日本を中心に人口が26万人に達したと想像されています。そのために、それまで採取していた植物のいくつかは栽培されるようになり、野生の獣の家畜化も行われ、定住生活が始まったと考えられます。

一人の人間を養うのに必要な狩猟用の土地面積は約10㎢と言われています。そのため人口が増えてくると狩猟採取だけでは必要な食糧を補給できなくなり、木の実や大豆などを栽培し、動物を家畜化する必要に迫られたと思われます。そしてこの時代になってツルマメから大豆に変身しているのです。

ここに見る縄文時代の社会には、自分たちが利用できるあらゆる道具をかき集めて食物の栽培などを行っている、躍動的な社会の姿を見ることが出来ます。また、近年の研究の中で彼らの脳の容積は現代人よりも少し大きかったということもわかっているのです。彼ら縄文人の方が、知見が少なかったり、道具がなかった分だけ物事への取り組み方が革新的だったのかも知れません。このように、必ずしも現代人の方が縄文人よりも進化しているとはいい切れないのです。

縄文時代初期になると土器が登場します。これら土器が登場したことによって「煮炊き」「貯蔵」が可能となり、植物性食糧の幅が広がっていったと考えられます。さらに土器作りの為に一ヵ所への滞在が長くなり、定住生活など生活様式が大きく変わることになります。この時代に出土する土器は、ものを保存する器というだけではなく、実用性を越えて「祈り」を表す性格も併せ持っていたと見られています。自分たちの生命を守ってくれる神に対する厚い信仰心を土器に表している、まさに創意工夫に満ちた先人たちのエネルギッシュな姿さえ想像できます。

縄文時代中期になると土偶（縄文のビーナス）などが現れます。さらには中部山岳地帯の「水煙文土器」や、新潟県で出土している「火焔型土器」などが今に残されています。そこには縄文人たちの力強いパワーを感じさせるものばかりであり、その生活ぶりも安定してきていることも示されています。

近年の研究によって、現代の日本人（東京周辺の調査）の遺伝子の中には、縄文人の遺伝子が12％ほど受け継がれていることがわかっています。そして縄文人が大豆に抱いていた熱い気持も現代の我々にそのままつながっているのではないか、とも想像されます。

中国・韓国の遺跡からの出土と栽培努力

大豆の先祖種であるツルマメの分布をみると、それは東アジアの南端の海南島周辺から、北は沿海州・アムール川流域に至るまでの広い範囲に分布していますが、この領域の中で古代にツルマメを栽培していたのは東アジアの中緯度あたりと考えられています。そして各地の遺跡の発掘による考古学的研究により、現在では我が国と同じように、中国においても大豆の誕生は5千年前の新石器時代中頃と考えられています（小畑弘己）。また朝鮮半島における大豆の誕生は炭素年代測定結果から、約5千年前の櫛文土器時代中期から始まったことが、坪居洞遺跡の出土品からわかってきています（李炅娥）。さらに中国の遺跡からの出土大豆は小粒の豆であり、韓国の古代の大豆は楕円形をしていたことがわかっています。このように日本、中国、韓国の初期の大豆の形が違っていたことは、これらの違った土地でそれぞれ独自に先祖種のツルマメから大豆に形を変えていったことを意味しており、そのことは遺伝学的にも確認されています。

現時点では東アジアにおける大豆の発生は日本、中国、朝鮮半島において、それぞれの古代人によってツルマメを栽培していた途中から、ほぼ同時期に大豆へと変身していったとされています。ただしそれぞれの地で見つけられた、初期の大豆の出土品はまだ発見数が少なく、今後の研究に待たれるところでもあります。

このように我が国の大豆は、5千年前の縄文時代中期に縄文人たちによって、ツルマメから大豆へと品種改良したものであることがわかっています。そしていくつかの遺跡からもツルマメの出土が見られています。例えば宮崎県都城市の王子山遺跡からは1万3千年前のツルマメが、また、佐賀県の東名遺跡からは8千年前のものが、さらに宮崎県の本野原遺跡からは4千年前のもの、長崎の大野原遺跡からは3500年前のツルマメが出土しています。

それらからは、この1万3千年前からの1万年の間に、ツルマメのサイズが徐々に大きくなって現在の大豆に近づいている様子を知ることが出来ます。

また彼らはツルマメだけではなく、身の回りにあるいろいろな野草や実のなる草木を栽培していたことと思われます。それらの中で栽培しやすいもの、増やしやすいもの、さらには貯蔵しておいても腐りにくいものなどが選ばれていき、その中にツルマメが入っていたのではなかったかと想像しています。そしてこれらは自然に変化したのではなく、明らかに縄文人の栽培努力の結果と見ることが出来るのです。

エジプトのツタンカーメンの墓の埋葬品の中からエンドウ豆が見つかり、それを播いたら芽が出てきたことは有名な話です。ツタンカーメン王が葬られたのは紀元前一三五八年とされており、その時に副葬品として埋葬されたエンドウ豆の種子が、一九二三年イギリスの考古学者カーターによって発掘され、それを播いたら３２８１年間の休眠を破って発芽したのです。マメ科植物の種子の生命力の強さには驚くばかりであり、このマメは今も多くの人たちに育て継がれています。

このように豆類は貯蔵条件さえ適切であれば長期に保存できる作物なのです。

現代では大豆の種まきは北半球では5月頃に行われ、収穫は10月頃が標準です。発芽から50日ほどで開花しますが、大豆の花は「蝶のような花」と呼ばれるように、小さくて可愛い花です。そしてこの花はめしべと雄蕊の両方を持つ両性花であり、虫や風に媒介されなくても受粉出来る自家受粉の性質を備えています。だからほとんどすべての花が受粉して実になる効率の良い作物なのです。花が咲いてから10日すると花の付け根にある莢が膨らみ始め、中の種子に栄養が貯まるようになります。この頃の大豆の莢を開くと、莢の内側で種子に管がつながっており、根や葉から送られてくる栄養分を種子に貯められていく、人間で言えば「へその緒」の働きをしているものが見られます。この大豆のへその緒は大豆が完熟すると離れてしまい、莢を振ると中で種子がカラカラと音を立てて動いています。大豆の枝や種子が茶色くなり乾燥してきたら収穫時期になります。日本も北海道から九州まで栽培地が広く気温の差が大きいために、その土地の気候に合った大豆の品種を選んで育てる必要があります。

1.2　大豆と共生する根瘤菌の不思議

春になると田んぼや道端にれんげの花が咲きそろう風景は、一昔前の懐かしい日本の景色でしょう。れんげはマメ科植物であり、その根には大豆と同じ根瘤菌という土壌細菌が共生して棲み付いているのです。根瘤菌には空気中の窒素ガスを取り込んで、寄生植物である大豆に供給するという働きをします。そして余分な窒素を土壌の中に留めているのです。そのために、マメ科植物が育った土壌には植物にとって栄養となる窒素が豊富に貯まるので、古代から緑肥とされていたのです。このようにマメ科植物には農地に窒素を供給し、地力を回復させる植物として紀元前から利用されていました。マメ科植物に共生する根瘤菌にはこのような不思議な力が備わっているため、大豆は肥料分の少ない痩せた土地でも空気中の窒素分を自分で補給しながら生育できる力を持っているのです。

マメ科植物に共生する窒素固定菌（根瘤菌）が供給できる窒素の量は、１ha当たり２２５kg／年とされています。これは小麦やトウモロコシに与える年間の窒素量に相当するものであり、化学肥料にとって代わる力強い働きがあるのです。このように根瘤菌は優れた窒素固定能力によって農業生産にはもちろんのこと、地球環境にも大きな働きをしているのです。現在地球上では年間1億8千万トンの窒素が、主にマメ科植物によって固定され、活用されている計算になります。一方、工業的には電気エネルギーを使って、年間8千万トンの窒素肥料が生産されていますが、これに要する石油燃料は約7億バレルであるといわれており、マメ科植物の果たしている役割は計り知れないものがあるのです。

この根瘤菌に不思議な働きがあることは近年の研究で次々と明らかにされています。その一つが窒素肥料との関係にあります。根瘤菌は土壌の中に窒素分が少ないときには、精を出して空気中の窒素ガスを取り込んで固定しますが、土壌中に窒素分が多いとその作業を控えるようになり、根瘤菌もだんだんと弱ってくるのです。また、大豆の葉に含まれる窒素分が多ければその分、根における根瘤菌活性も低下することも確認されています。このことは大豆に窒素肥料を過剰に与えることは、根瘤菌の働きとその活性度を弱めてしまうことを意味しています。つまり、生育の良い大豆への窒素の追肥は、逆効果であることを示しています。大豆植物にとって、窒素分が不足しそうだという状況が生まれないと、窒素固定作業が作動しないようにシステム化されているようです。

地球が１００㎞の厚さで覆われている大気の78％は窒素ガスであり、そこに育つ植物は簡単に窒素ガスを自分の栄養源として利用できそうに思われますが、そこには厚い壁があるのです。大気中の窒素の二原子を結び付ける三重結合は非常に堅く、その鍵を外すことが難しいのです。この堅く結合している窒素結合をほどいて、それぞれに水素か酸素がつながると、初めて水溶性のアンモニウムイオンか硝酸塩のどちらかになって、植物が利用できるようになるのです。この空気中に存在する窒素ガスを、植物が利用できる水溶性窒素化合物に変換できるのが、マメ科植物と共生している根瘤菌なのです。厳密に言えばマメ科植物以外でも、若干の窒素固定菌は見つけられていますが、現在自然のサイクルに組み込まれている窒素成分の多くは、マメ科植物に寄生している根瘤菌によってもたらされたものです。

一度植物に取り込まれた窒素成分は、それ以降は植物の腐敗などによって土壌に還元され、自然界の中をリサイクルされながら、繰り返し利用することができるのです。あるいは人や動物に食べられて体内に入った窒素は、アミノ基などに形を変えてタンパク質などとして利用され、それらは再び自然のリサイクルの中で窒素源として循環していくことになります。

人間を含む生物の体に含まれている窒素と炭素は、元は空気中にあったものを窒素固定菌が取り込んだものと言えます。一方、酸素と水素は植物が水を分解して作ってくれたものを利用しているのです。その働きをしてくれているのが、窒素はマメ科植物の根瘤菌によるものであり、酸素は葉緑体の働きによるものなのです。それ以外の微量成分は岩石などから供給を受けているのです。

根瘤菌は他の土壌細菌に比べても宿主に対するえり好みが激しく、植物が発するサインと合致しないと反応しないことがわかっています。近年の研究によって、マメ科植物は根から滲出液を放出しながら、自分の生育に良い影響を与えてくれる微生物を、根の周辺に集めるという働きをしていることがわかっています。そのためには葉で光合成をして作った炭水化物（糖）の30～40％を、根から滲出して根菌に与えているのです。そして根の周りに住む根瘤菌などの微生物に餌を与えることにより、自分の生育活動の原料となる窒素を、その微生物から受け取りながら光合成を安定化しているのです。

こうして根瘤菌はマメ科植物の根毛の周辺に集まりそこで繁殖を始めますが、やがて根毛を膨らませてこぶを作り、そこに移り住むようになります。そして宿主植物に対して窒素を供給する働きをし、その見返りとしてマメ科植物からは、各種の栄養分をもらいながら安全な棲み家を得るという、共存共栄の関係が始まるのです。しかしそこにはマメ科植物の戦略も見え隠れしています。効率よく窒素化合物を供給してくれる根瘤菌には葉の光合成で作った糖を多く与え、効率の悪い根瘤菌には少しの糖しか分け与えないというお仕置きをしているのです。

また地中海沿岸などではマメ科植物であるエンドウが育っていた土壌には、その他の地区に育つ植物の根圏に対して、５倍の土壌微生物が棲んでいることもわかっています。そしてこれら土壌の微生物に与えた栄養分の余りが周辺の小麦など、他の植物の栄養にもなっているのです。

現在では、かつてのダーウィンの進化論と違った、生物間の共生による進化が指摘されています。この大豆と根瘤菌の間で生まれた共生関係も、お互いの生存戦略によるものと思われます。大豆の根に入り込んだ根瘤菌は、他の外敵から自分の身を護る環境を手に入れることが出来たのに対して、大豆は自分の栄養を土壌中の微量な窒素に頼ることなく、自分の為に空気中の窒素を安定的に供給してくれる自前の給食設備を手に入れたのです。

マメ科植物は古代文明を支えた

大豆はマメ科植物に属していますが、そのマメ科植物は世界で６００属、１万３千種あるといわれています。これはイネ科に次ぐ大きな植物のグループであり、その代表的なものが大豆です。これらマメ科植物には空気中の窒素ガスを取り込んで自分の栄養として利用することができる特技を持っているのです。

これらのマメ科植物のうち現在食用に利用されているマメ類は約80種と言われ、その中でも経済的に重要なマメ類はわずか30種程度であるとされています。

これら多くのマメ科植物がいつから地球上に生息していたのかについて、興味ある研究があります。二〇一九年一〇月には学術雑誌「サイエンス」に、最も古いマメ科植物の化石が、６４００万年前の地層から発見されたことが発表されました。発見された場所はアメリカ・コロラド州の山岳地帯でした。ここは巨大隕石が地球に衝突してから70万年後の地層であり、隕石衝突後に生き延びていた哺乳類の化石と共に、マメ科植物の化石が見つかったのです。そして生き残った哺乳類たちがマメ科植物を含む植物を食べることにより、約１００万年で大型化していったことも明らかになりました。このようにマメ科植物は６４００万年前にはすでに地球上に現れており、周辺の植物に空気中の窒素を栄養として与えていたことが想像され、また間接的に古代動物の生命を支えていたと考えられます。

日本では1万3千年前のリョクトウや、中国でも1万年前のツルマメの栽培を主張している説もあるほどです。その他の多くのマメ科植物の広がりから考えても、今から1万年前の、人類が地上に文明を築いた時

表1　豆の種類と原産地

豆の種類	想定される原産地	豆の種類	想定される原産地
大豆	中国・日本	インゲンマメ	メキシコ遺跡から
アズキ	東アジア	ササゲ	アフリカ
エンドウ豆	地中海沿岸	ソラマメ	メソポタミア地方
ひよこ豆	インド周辺	レンズ豆	西アジア

よりも、はるか前にはすでに多くのマメ科植物が生息していた可能性は否定できません。そしてマメ科植物が育っていた地域には食糧生産が盛んに行われて富が蓄積し、古代文明が芽生えていったと考えられます。

東アジアに起源をもつマメ類は、大豆とアズキだけとされています。リョクトウはインド中北部を起源としており、ササゲはアフリカ原産です。エンドウ、ソラマメなどは西アジアのチグリス、ユーフラテス河とナイル河周辺を起源としています。このように日本で縄文時代から栽培されていたのは大豆、アズキとリョクトウだけですが、世界の各地ではすでに多くのマメ科植物が育っていた可能性が高いのです。私たちが今食べているインゲンマメ、ベニバナインゲン、エンドウ豆などは江戸時代末期から明治時代にかけて、日本に入ってきた豆類と言われています。

チグリス河とユーフラテス河の間で約5千年前にメソポタミア文明が生まれています。この文明を支えたのは、高い農業生産力だったとされており、主に小麦が栽培されていたようです。彼らはこれらの小麦で周辺の地域と交易を始めて大きな富を築いていき、巨大な神殿を作り、強大な国家を広げていったのです。そしてこの地域にはマメ科植物のエンドウとソラマメが生まれていたのです。

豆類の原産地について現時点で考えられているのは**表1**の通りですが、これらのマメ科植物が生まれた地域に、古代文明が育っているのです。古代の文明が生まれたナイル河やチグリス、ユーフラテス河、インダス河、黄河の周辺が世界のマメ類の発祥地であることは、まったくの偶然ではないと思います。これらのマメ科植物が周辺地域に自生していたかどうかが、穀物栽培を可能にして、そこに社会を形成し、文明が生まれたことに大きく影響していた可能性が高いのです。

我々の先祖たちは身の周りにあった種子を採取し、動物を家畜化して農耕を広め、社会を形成しました。そして食糧として適している小麦など穀物の栽培地を広げて部族をまとめ、富を蓄えて国家へと築き上げていったのです。しかし、その時にどこの土地でも同じように穀物が育ったとは考えられません。小麦やトウモロコシなどが育ちやすかった地域には文明が育ち、栽培効率の悪い土地では文明が育ちにくかったと想像されます。そのような差は何によって起こっていたのか、それにはいくつかの要因があったと思われますが、その地域にマメ科植物が生息していたかどうかが大きな差を生んだものと考えられます。

肥料もなかった古代ではマメ科植物が育っていれば、そこは根瘤菌の働きによって、窒素分が豊富な土壌となり、小麦やその他の作物を育てる、まさに陰の大きな支えになっていたはずです。植物が取り入れる栄養素の中でも窒素肥料による生育効果は最も大きな影響を与えることが知られています。20世紀になっても大豆やレンゲなどマメ科植物と共生している根瘤菌に穀物の栄養分を頼っていた農業が行われていたことを考えれば、約5千年前に各地で起こった古代文明を支えた小麦栽培において、その周辺にマメ科植物に共生する根瘤菌が棲んでいたかどうかは、そこに富が蓄積できたかどうかの大きな差となったはずです。

こうしてマメ科植物が育っていた土地に初期の農耕文化が生まれ、それによって培われた富を土台として古代文明を育んでいったことが想像されるのです。つまり、古代の豆類は世界の文明創生に貢献していたと言っても過言ではないと思っています。古代の中国黄河流域では大豆の先祖種であるツルマメやリョクトウなどに寄生する根瘤菌によって土壌中に窒素分が蓄積され、多くの民を育てる作物を栽培することが可能となり、「黄河文明」が育つ環境が出来ていったと考えられます。

世界の焼畑農業の歴史を見ても、紀元前三〇〇〇年頃のギリシャ・ローマ時代にはすでにマメ科植物は「緑肥」として土壌に鋤きこまれており、マメ科植物を利用した農業が古くからおこなわれていたのです。古代ローマ文明は紀元前八〇〇年頃に生まれており、すでにその周辺の土地にマメ科植物が育っていたこともわかっています。

アメリカは現在世界の大豆生産大国ですが、このアメリカでも大豆栽培の最初の目的は、小麦・トウモロコシ栽培で痩せた土地の地力回復を図ったものであり、緑肥として大豆をそのまま畑の中に鋤き込んでいたのです。アメリカで大豆種子の収穫を目的とする栽培が緑肥目的を上回るのは、やっと一九四〇年代後半になってからのことです。

このようにマメ科植物は古代の文明を支えたのと同じように、将来の人口増加にいろいろな面で対応できる作物としても期待されています。そして現代においても地球のサイクルの中で空気中の窒素を生物サイクルに取り込んでいる主なルートは、このマメ科植物に寄生している根瘤菌なのです。

1.3 大豆はいつから食べられたか

わが国で生まれた大豆は、縄文人たちによって栽培されていたものであり、この時代からすでに食べものとして育てられていました。しかし、大豆は他の木の実や野菜、穀物などに比べても食べられるように調理するのが厄介な食材だと思います。大豆には色々な成分が含まれており、これらを人の消化器官に適応させるための調理工程が必要になります。

大豆にはリポキシゲナーゼとトリプシンインヒビターという二つの酵素が含まれており、これらの酵素活性を加熱により失活させなければ食べられません。リポキシゲナーゼが活性状態であれば生大豆の不快臭を発して食べることが出来ません。これは大豆に含まれている脂質に酵素が働きかけて異臭を発生する仕組みによるものです。

また、トリプシンインヒビターという酵素は、動物が持つタンパク分解酵素であるトリプシンの働きを阻害する酵素であり、生大豆を食べた動物は消化不良を起こすことになります。このようにして大豆は自分の身を護っていると言われており、これらの酵素が活性状態ですと、動物たちは大豆を食べることが出来ないのです。

さらに大豆は種皮が頑強にできているので、水で膨潤するのに時間がかかります。だから充分な水に浸しておいて種子が軟らかくなってからでないと調理ができません。大豆を煮ることが出来る状態にするには、その時の水温にもよりますが8時間以上水につけておかなければならないでしょう。それだけの準備をして初めて大豆は調理することが可能となるのです。さらにその大豆を使った豆腐などの加工食品を作ろうとすると、そこから多くの作業工程が始まることになります。

縄文時代の人たちはこのような作業を､手間暇かけて大豆を調理しながら食べていたことになります｡きっと大豆に対する強い思い入れと共に、特別な食べものとして子孫へとその調理方法を伝えていったのではないでしょうか。彼らには大豆にどんな思いがあったのか知る由もありませんが、大豆に対する強いこだわりがあったことは確かです。

大豆は米と共に古代から神事に供えられており、また魔除けや健康維持にも効果があると信じられていました。平安時代の「医心方」という医学書には「五穀中、病気を治す力は大豆が首位」という記述があり、大豆はさまざまな病気の治療薬としても見られていたことがわかります。

大豆を食べようとすると加熱工程が必要になり、火を使って加熱するためには鍋のような器が必要になります。そのことからも、大豆が食べられるようになるのは土器が発明された縄文時代になってからと考えられます。もちろん大豆を直火で焙煎しても食べられます。縄文時代中期以前はまだツルマメという雑草の状態であり、その種子も大豆に比べて極端に小粒でしたから、苦労しながら焼いた石の上にツルマメを丁寧に並べて加熱していたと思われます。

日本に大豆が広がったのは丁度、稲作が始まったのと同じ時代であり、温暖な気温と適度な雨をもたらすアジアモンスーン気候に適合して拡大していきました。そして大豆も稲作の作業と並行して進められたのではないかと想像しています。このように東アジアの大豆の生育環境は天から与えられた温暖な気候と住民たちの努力、そして土壌に棲息する根瘤菌に支えられて育てられてきました。そして、そこにもうひとつ、この地域の人たちが信仰した仏教が大豆を主役の座に押し上げた歴史があるのです。

大豆食品は仏教によって広がった

日本で言えば弥生時代に相当する時代まで世界のどの国も狩猟採取の時代であり、野山を駆け巡り野生の動物を狩猟し、また海や川から魚や貝を捕り、草木の実を採取して食糧に充てていたのです。狩猟は食糧調達の大きな部分を占めていたが、紀元前5世紀ごろにインドで生まれた仏教が中国、朝鮮半島を経て、百済から日本に伝わってきたことにより、当時の人たちの食習慣を大きく変えてしまうことになります。

仏教もインドで生まれた頃と中国に伝わり広がっていった頃とでは、その内容もだいぶ変わったと言われていますが、仏教の教えとして根底に流れていた「殺生の禁止」は、ますますその色彩を強めてゆくことになります。わが国の歴史を見ても仏教が伝来して以来、仏教を信奉していた当時の天皇は、勅令を何度も出して国民に殺生の禁止を繰り返し徹底していたことが知られています。

医療も防災対策も十分でない当時の為政者たちにとって、病気の蔓延や飢饉による餓死者を救う有効な手立てが見つからない中で、その救いを仏教に求めていったのです。当時の人たちにとって仏教は、近代文化への憧れであり、民の心を一つにまとめる大きな柱になっていったはずです。こうして天武天皇以降、何代にもわたって仏教の教義を守り殺生を止めるよう、禁止令が出されるようになります。

しかし、私たちの体は必要なタンパクを要求してきます。そこで仏教に携わる人たちは肉に代わるタンパク源を結果的に大豆に求めていったのです。大豆には豊富なタンパク質と油脂を含んでいたため、肉の代役を十分に果たすことが出来たのです。このようにして僧侶たちの栄養を支えるため、大豆を使った食品開発が、寺院を中心に活発に行われるようになります。一部には中国からの帰化僧が持ち込んだもの、遣唐使が持ち帰った大豆食品もありますが、わが国の寺院やその周辺で盛んに大豆加工食品が開発され、登場してくるようになります。こうして豆腐、納豆、味噌、醤油、ゆば、豆乳、高野豆腐などなど、現代の我々が目にする多くの大豆加工食品が生まれ、広がっていくようになります。そして、これら大豆食品を組み合わせた精進料理、会席料理、普茶料理などが生まれてくることになるのです。

寺院の小坊主が大僧侶に見つからずにドジョウを食べる方法として考え出したのが「どじょう地獄」という料理だったと言われています。豆腐とドジョウを一緒に煮て、ドジョウが冷たい豆腐の中に潜り込んで見えなくなったまま煮あがったドジョウ料理などは、厳しい寺の修行の中で生み出されたユーモアと寂しさを感じさせる寺料理のひとつだったのではないでしょうか。

東アジアの仏教徒以外の人たちは従来のまま肉を食べ続けることが出来たために、あえてタンパク源を肉以外に求める必要がなかったのかもしれません。そのために彼らは最近まで、大豆を家畜の飼料としか見ていなかったのです。彼らにとっては肉と卵と牛乳が得られれば自分たちの食糧は充分だ、との考えだったのでしょう。しかし、近年になってこのような見方に大きな変化が起こっています。それは肉食による動物性脂肪の摂取がいろいろな循環器系疾患を引き起こす可能性がある、との報告が相次ぎ、欧米の人たちの間で大豆を見直す動きが出てきているのです。特にアメリカでは、循環器系疾患が国の医療費を圧迫する状況にまで拡大したことから、豆乳や大豆で作ったエナジーバー、大豆スナックなどを積極的に摂取するようにと推奨しているのです。

今では「大豆ミート」など、大豆を原料とした肉様食品が盛んに開発され、それらが消費者に受け入れられており、21世紀の大きなうねりになっていく様相を呈しています。

仏教による肉食が禁じられた当時の人たちにとっては、大豆にタンパク質や油脂などの栄養素が含まれていることなどは当然のことながら知らなかったことでしょう。縄文時代から続いていた大豆を使った食習慣を、ただ続けていたことになります。しかしその大豆食が自分たちの元気のもとになっているとの実感があったのではないかと想像します。こうして大豆食は仏教の教義と共に我が国に広く定着し、その影響を広げていったのです。

この時期に大豆を主要な作物として栽培していた地域といえば、仏教が普及していたタイから中国、日本、朝鮮半島までの、地球全体からみるとごく限られた土地であり、この限られた地域でしか大豆は食べられていませんでした。

日本人が肉食を復活させるのは明治維新後になってからです。富国強兵が国の近代化に重要な施策とされ、欧米人に比べて体格の劣っているのを解消するためには彼らが食べている動物肉を食べようとの運動が起こってからでした。その象徴的キャンペーンとして明治5年に明治天皇が牛肉を食べて国民に肉食奨励をしたこともあったのです。

このように大豆が東アジアの限られた地域でのみ栽培されていた時代は長く、紀元前三〇〇〇年ころから20世紀の初頭までの5千年間はこの限られた地域だけの食物だったのです。ところが現在の世界の大豆生産の中心はこれらの地域から遥か遠い南北アメリカ大陸に移っており、この地域で世界の大豆の83%(二〇一九)を生産しているのです。かつての大豆生産大国だった中国や日本、韓国は今や世界の大豆輸入大国となってしまっているのです。このような大きな大豆をめぐる地殻変動の蔭にはどんな物語があったのか、その姿も後ほど探ってみたいと思います。

1.4　大豆という名前

古代から文字が発達していた中国には大豆について書かれた書物がいくつかあります。最も古いもので、紀元前二八三八年に、医学や薬学を司っていたと言われる伝説の神農皇帝が書いたとされる書物、「神農本草経」の中に、大豆について記載したのが最初とされています。この書物は現存していませんが、後の時代に書かれた解説書が残されており、この中で、「生大豆をすり潰して、腫れものに貼ると膿が出て治る」「呉汁を飲むと解毒作用がある」などと書かれています。

また、中国の周（ＢＣ一〇四六〜ＢＣ二五六）の時代に大豆をあらわす「叔（しゅく）」の象形文字が存在していることから、遅くとも紀元前11世紀には大豆栽培が行なわれていたとも言われています。中国の戦国時代（ＢＣ四七〇〜ＢＣ二二一）に北方から大豆が持ち込まれ、異国の豆ということから戎菽（えびすまめ）と呼んで五穀に数えられるようになったと「史記」（ＢＣ九一）に書かれており、大豆が古代中国の文明創生に貢献した5つの穀物の一つとして、歴代の皇帝によって毎年五穀豊穣の儀式がおこなわれていたことが記されています。これらの記録からも中国における大豆の栽培は紀元前五〇〇〇年にさかのぼると主張している学者もいます。

我が国の記録の中に大豆が最初に登場するのは、大宝律令（七〇一）からです。ここには大豆を原料とする「醤」「豉」「未醤」などの発酵食品と思われる記録があり、飛鳥時代の古くから大豆は民衆にとって非常に貴重な穀物であったことがうかがわれます。しかし我が国では大豆はどのように呼ばれていたのか、はっきりしたことはわかっていません。

では「大豆」という名前はどうして出来上がったのか。古代中国では大豆のことを「叔」とか「戎菽」と呼ばれていたとの記録が残っていますが、我が国の古代の人達がこのような呼び方をしていたとは考えられません。そもそも「豆」という文字は古代中国では食べ物を盛る高坏のことを指していました。「豆」という字の形が高坏の器の形に見えることからも容易に想像することが出来ます。これらの高坏は神様へのお供え物を盛り付ける器として、あるいは高貴な人の食事を盛る器として使われていたもので、東京ではお茶の水駅の近くにある湯島聖堂の孔子廟に供えられている高坏で見ることが出来ます。

このことからも「豆」の字は中国で生まれた可能性が高いと思われます。神様にお供えする食べ物を乗せる器に対して「豆」と称していたのが、いつの間にか器に盛る食べ物を指すようになり、さらに食べ物の中でも恐らく一番多くお供えされていたと思われる「マメ」に対して、それまでは「叔（しゅく）」などと呼ばれていたのを「豆」という文字を書いて呼ぶようになったものと想像されます。

その中でも目の前にある大小二つの豆に対して自然に「大豆」「小豆」と民衆が呼び分けたのではないかと想像しています。いずれかの時代になって、それらの呼び方が周辺国に伝わっていき、我が国でも「大豆」、「小豆」と呼ばれるようになったのではないでしょうか。最初の「大豆」の記述については定かではなく今後の研究に待たれますが、中国をはじめとする東アジアではどの国も同じ「大豆」の文字を使うようになっていることから、最初は中国で使われた言葉が周辺の国に伝わっていったものと考えられます。

現在私たちの身の回りには大豆よりも大きな豆はいくつも見られます。例えばソラマメや甘納豆に使われる「べにばないんげん」、和菓子に使われる「インゲン豆」、その他「花豆」、「大福豆」、「金時豆」なども大豆よりも大きな豆です。でもダイズだけが今も「大きな豆」と表記されているのです。一方で、現在の大豆は煮豆などに用いる大粒大豆から小粒納豆に使われる極小粒大豆まで大きさの種類も多く、今では大豆には大きい豆というイメージは消えていますが「大豆」の呼び方だけが愛着と共に残っているのです。

ソイビーンという呼び方

では大豆の英語名である「ソイビーン」(soybean) との呼称はどのように生まれたのか、そこには我が国の醤油が大きな働きをしている物語があるのです。

そもそも英語圏の国々にはかつて大豆は生育しておらず、彼らにとって大豆は18世紀になって持ち込まれた外来作物なのです。そのため大豆を指す言葉も当然ながら存在していませんでした。では現在使われている英語名のソイビーンはいつ、どのようにして生まれてきたのだろうか。

過去の記録を辿ってみると大豆そのものが最初に英語圏に紹介されたのはアメリカよりもむしろヨーロッパのほうでした。一六〇三年に出版された日本イエズス会が編集した「日葡（ポルトガル）辞典」には大豆・味噌・醤油について記載されており、これがヨーロッパに大豆製品が紹介された最初ではないかと考えられます。一六七九年にジョーンロックが東インド諸島からイギリス、オランダへ運んだ物資としてマンゴと大豆を挙げています。しかし、このときの大豆の名称はどうであったのか、確認することは出来ません。

オックスフォード辞典によると、一六九九年に出版された本には醤油のことを「ソイ (Soy)」と紹介されていることから、その頃には醤油を「ソイ」と表現していたと考えられます。醤油は日本で開発された調味料です。おそらく西洋の人たちにとって、日本人が言った「醤油」という早口の発音が「ソイ」と聞こえたのではなかったかと思われます。

一説には明治新政府の大久保利通がパリ万博へ行って、日本から出品してあった醤油を指して彼の田舎言葉である薩摩弁で説明したときに「しょうゆ」と言ったつもりが「ソイ」と聞こえたから、との話が残っていますが、ソイの言葉の出現はパリ万博よりも古く、この説はあまり評価されていません。

Soybean が最初に文献に表われるのは一七九五年であり、その後一八〇二年にも「The soybean are cultivated in Japan」と明記されています。しかし、それから後しばらの間はソイという表現が消えてしまいます。因みに一八五四年にペリー提督が日本から持ち帰った2種類の大豆がアメリカの農業委員会（Commissioner of Patents）に提出されており、これには"Soja bean"との表現が使われています。Soya あるいは Soja はオランダ語の表現であり、日本語の shoyu がオランダ語の soya や soja を経た後、bean と複合してオランダ語の soja bean となり、英語の soybean へとつながったと考えられます。

それは日本の醤油を最初にヨーロッパに輸送したのがオランダの東インド会社だったので、彼らのオランダ語が最初に使われたのです。一八八二年に soybean の言葉が出て以来、この文字が文献に続いており、呼び方も定着しています。このように英語のソイビーンは日本語の「醤油」がそのルーツであると考えられています。

因みに、日本語の「しょうゆ」の言葉は中国、北京語の shi-yu（シーユ）に由来していると考えられます。中国語の shi は、塩づけにした豆を、yu は油を意味しています。つまり中国の塩づけ豆の名前「シーユ」

が日本の「しょうゆ」につながり、それをオランダ人が聞いた醤油のsoyaとなった後にbeanと合体されて「大豆」を指すsoyabeanが生まれたのです。そしてこれが英語圏へ伝えられてsoybeanへとつながっていったと思われます。（鈴木紘治）

世界のマメと日本の豆

私達日本人はマメと聞けばまず大豆を思い浮かべますが、世界の常識はそのようになっていないようです。国連は二〇一六年を「国際マメ年（International Year of Pulses）」と定め、国連食糧農業機関（ＦＡＯ）と各国の関係機関がマメの生産・消費などについて普及啓蒙を進めていく取り組みがされました。しかし、この時になぜマメをＢｅａｎと書かずにＰｕｌｓｅと表現したのでしょうか。〝Ｐｕｌｓｅ〟という言葉には「乾燥状態のマメ」とのイメージがあり、レンズマメやヒヨコマメなどのマメを主に指しているのです。これに対して〝Ｂｅａｎ〟と表現すれば大豆や落花生など油を搾油する原料マメとのニュアンスがついてくるようです。つまり私たちが毎日食べている大豆は国連（ＦＡＯ）では食品用と分類されていなくて、油脂を採る油糧作物（Ｏｉｌ Ｃｒｏｐｓ）に分類されており、食用マメの分類から外されているのです。油糧作物には大豆のほかになたねや落花生、オイルパームが含まれています。

これら国際的な大豆に対する見方とは違って、日本の農水省の作物統計資料では大豆だけが「マメ類」と分類され、アズキ、エンドウ豆、その他のマメ類は「雑豆類」とされています。いかに大豆に対する見方が日本と世界に差があるのか、このことからもうかがい知ることが出来ます。

日本人は、東アジア以外で食べられているヒヨコ豆、キマメ、ケツルアズキ、レンズ豆、リョクトウなどの名前を見て、すぐに料理が浮かぶ人は多くはないと思います。インドから西の世界に住む人たちは、これらのマメ類を常食としている人たちなのです。これらのことからもわかるように、世界の豆は私たちが想像しているようには一様でないのです。

表２　大豆とその他の豆の栄養と生産量の比較

豆の種類	タンパク質（%）	脂質（%）	2011年度生産量（千トン）
大　豆	36	20	240,955
インゲン豆	22	1	23
ヒヨコ豆	19	6	11
エンドウ豆	24	1	9.5
レンズ豆	25	1	4.4
キマメ	21	1	4.4
ササゲ	23	10	4.9

大豆とその他のマメを比較してみると、大豆に次ぐ生産量の多いインゲン豆、ヒヨコ豆に含まれているタンパク質含量は、それぞれ22%、19%と大豆の36%から大きく引き離されており、含まれる油脂に至っては、それぞれ1%、6%と、大豆の20%に比べて極めて少ないことがわかります。それ以上にその生産量の差の大きさには驚くばかりです。二〇一一年度の生産量で比較すると、大豆の2億4千万トンに対して、インゲン豆は2万3千トン、ヒヨコ豆は1万1千トンとかけ離れています。それは、世界の多くの人たちは、大豆を油脂工業の原料として、さらに家畜の飼料原料として見ているのであり、人間の食料としてだけではなく、多くの用途への利用を含めて生産されているからです。我々東アジアに住む民族は、このように昔から栄養豊富な大豆に恵まれていたのです。

そして、これだけ大豆の栄養が優れていることを世界の人たちが認めているにも関わらず、東アジアの人たち以外は直接大豆を食べることをせず、家畜の飼料にして、肉、牛乳、卵としてからでないと食べなかったのは食文化の違いとしか言いようがありません。

2　大豆食品について

私達は大豆を身近な食品として何気なく食べていますが、世界に目を向けると私達のように大豆を食べているのはごく限られた人達だけです。近年までは、いわゆる大豆文化圏とされる地域は世界的に見ても日本、中国、朝鮮半島からインドネシアにかけてのアジアの極東地域に限られていました。インドではもう大豆を食べる習慣はなく、むしろヒヨコマメやキマメ、ケツルアズキ、レンズマメなどがマメ食品の主役になっていたのです。このことを見ただけでも我々と食文化が異なっていたことを知ることでしょう。というよりもむしろ世界の中で大豆を食べていた私たちが特別だったのかも知れません。

ところが一九九〇年ころから大豆の健康効果が広く知られるようになり、今まで大豆を食べる習慣がなかったこれらの地域でも大豆を食べるようになってきます。すでに触れたように国連食糧農業機関のマメ類の統計では、私たちが食べている大豆は食料としてのマメ類には属していないのです。それでも近年は大豆の持つ健康機能が世界的に知れ渡ってきており、アメリカなどのように動脈硬化や心疾患の増加によって、医療費が国の財政を圧迫するのを軽減するために、豆乳や大豆タンパクを使ったスナック、大豆ミートなど大豆食を奨励している国も多くなってきています。このことから考えても、日本が世界の中で長寿国として評価されているのは、昔から大豆を食べる習慣があったことによるものだったと思われます。

多くの人たちは、今では大豆が健康維持に役立つ食品であるとの認識を持っています。二〇〇五年に報告された「第五回大豆タンパクと健康意識調査」によると、健康に良い食品を複数回答で消費者に聞いた結果として、大豆・大豆食品が58・1％と最も多く、次いで緑黄色野菜が57・2％、海藻類が45・3％、乳製品が42・6％、魚が38・5％となっており、大豆に最も健康効果を感じていることがわかります。


大豆を他のマメ類と比較した時に、食品としての特徴を見てみたいと思います。

タンパク質・脂質・炭水化物が「三大栄養素」とされ、さらにビタミンとミネラルを加えて「五大栄養素」と呼ばれていますが、これらに大豆の特徴がみられます。

まず大豆とその他の食品用豆類の成分を「日本食品標準成分表」で１００g中の栄養比較を**表3**に示しました。ここに大豆の栄養的な特徴を読み取ることが出来ます。


それら大豆成分の他のマメ類と比較した特徴をまとめると

① タンパク質が豊富に含まれています。人の体を構成している20種類のアミノ酸のうち、9種類が体内で合成が難しいアミノ酸であり、これを必須アミノ酸と呼んでいます。この必須アミノ酸がしっかり揃っているかを点数で評価したのが「アミノ酸スコア」です。そして大豆は最高の「アミノ酸スコア１００」とされているのです。

② 油分を多く含んでいる。ここには表されていませんが大豆油には必須脂肪酸が多く、体内の脂肪酸

2　大豆食品について

表３　豆類の栄養成分表

豆の種類（100g 中）	タンパク質 g	脂質 g	炭水化物 g	カルシウム mg	鉄分 mg	ビタミンＥ mg
大　豆	33.8	19.7	19.7	180	6.8	2.3
アズキ	20.3	2.2	58.7	75	5.4	0.1
ササゲ	23.9	2.0	55.0	75	5.6	Tr
インゲン豆	19.9	2.2	57.8	130	6.0	0.1
エンドウ豆	21.7	2.3	60.4	65	5.0	0.1
ソラマメ	26.0	2.0	55.9	100	5.7	0.7

日本食品標準成分表、七訂

バランスを保つ働きが優れています。
③　炭水化物、すなわちでん粉質が少ないのも大豆の特徴です。
④　カルシウムを多く含んでいます。ここに示していませんがカリウムやマグネシウムも他の豆に比べて多く含んでいます。
⑤　大豆は鉄分も多い豆です。
⑥　ビタミンＥを多く含んでいるのも大豆の特徴です。このほかにもこのように大豆は栄養的に見てあらゆる面でバランスのとれた食品なのです。

大豆はタンパク質や油分が多い反面、炭水化物（糖質）の少ない豆類という特徴があります。そのことではアズキやエンドウ豆のようにでん粉が多く、タンパク質が少ない豆に対して対極にあると言えるでしょう。

油脂については後に触れますが、その構成している油脂の多くが必須脂肪酸であり、欠乏すると体調に影響する貴重な多価不飽和脂肪酸を多く含んでいるのです。魚離れが進んでいる現代にあって、魚油の不足分を補って体内の脂肪酸組成のバランスを保つ働きをすることが期待されています。このように大豆は優れたタンパク質と優れた油脂を豊富に含んでいます。

ここで我が国において大豆がどのように食べられていったのか、その原点の部分を掘り下げてみたいと思います。また、大豆の主な加工食品である豆腐と大豆油についても違う視点で眺めてみたいと思います。

2.1 大豆食の発展と大陸文化

今までに見てきたように、ツルマメから大豆に生まれ変わったのが縄文時代中期の、今から5千年前のことであったことがわかっています。しかし、わが国の縄文人たちがこの大豆をどのように食べていたのかについては、その詳細はわかりませんが、古代の土器などに付着している痕跡から煮豆にしたり、大豆を潰して水にさらした後で加熱するという簡単な調理をしていただろうことは想像できます。いずれにしても大豆を食べるときには加熱によって大豆に含まれる各種酵素を失活させないと消化不良を起こすので、土器の中で水と一緒に加熱することが必須の調理工程であったはずです。土器が作られ始めたのは紀元前1万3千年に始まった縄文時代に入ってからだと考えられており、この頃から大豆の先祖種であるツルマメなどが加熱されて、食べられていたと考えられます。

時代はそれからぐっと下りますが、古代の日本では民衆レベルも含めて、日本人と中国の人たちとの交流が行われていたことは中国の古代の歴史書に残されています。我が国では弥生時代に相当する、紀元前1世紀頃の中国の歴史書「漢書」には日本人を倭人として書かれています。また西暦五七年に書かれた「後漢書」東夷伝には九州奴国（なこく）の国王が中国に使者を送り、その返礼として金印が贈られたとあり、その金印が江戸時代になって九州で見つかっています。

さらに3世紀に書かれた「魏志」倭人伝には邪馬台国の卑弥呼が魏の国に使者を送っていることが書かれています。これらの交流の中で中国からの返礼として大豆の利用方法などが伝えられた可能性があるのです。

古代の中国では、この時代から油を搾っていたようで、それらの技術が卑弥呼の時代に我が国に伝えられたとも言われています。後の項でも述べますが、この時代には中国大陸の人民と日本の海村民と呼ばれる九州地方の人たちとの間で、民間レベルでの交流が盛んに行われており、この時代に油を搾る何らかの技術がもたらされていた可能性があるのです。しかしそれらの油が食用に使われたという記録はありません。

大豆はその後、中国を中心にいろいろな大豆食品として利用されるようになり、それらが我が国に伝えられることにより、大豆の利用がさらに大きく広がっていくことになります。

飛鳥時代になると、「醤」や「豉」といった発酵によると思われる大豆の加工食品が作られていたことはすでに述べた通りです。奈良時代の記録にはいろいろな大豆の加工食品が登場してきます。例えば、醤、荒醤、滓醤、醤滓、糟交醤、好醤、上醤、中醤、下醤、市醤、未醤、市未醤、豉、などであり、いずれも大豆の発酵食品と思われます。これらがどんな食べ物であったかは今ではよくわかっていません。しかし、未醤から現在の味噌につながっているとされ、醤から醤油へと発展していったとされています。もちろん煮豆や黄な粉のような食べ方もあったでしょうが、これらは記録に留めるほどではないと無視されてしまったものと思われます。

平安時代になると遣唐使が、鎌倉時代になると五山の僧侶や渡来人たちが、中国から新しい大豆文化を我が国に持ち込み、寺院を中心に大豆を使った料理が大きく広がっていきます。そして精進料理、普茶料理、懐石料理などに姿を整えて大豆文化に花を咲かせることになります。その後も大豆は米とともに我が国の重要な食品素材として多くの調理に利用されさらに発展していきました。その成果ともいえるものが現在の和食であり、世界文化遺産とされている「和食文化」も大豆によって支えられてきたと言っても過言ではないでしょう。

2.2 豆腐について

ここで古代中国から渡ってきた大豆の加工食品とされる豆腐について見てみましょう。豆腐は日本人にとって最も親しまれている大豆食品であることは、政府の家計調査「食品用大豆用途別使用量」にも示されています。我が国の大豆食品摂取量は、男性が１１０ｇ／日であり、女性は91ｇ／日とされていますが、その約半分を豆腐類から摂取しているのです。

では私たちはどんな形で大豆食品を摂取しているのか、表4に二〇一七年度の国内で利用されていた食品用大豆の用途別使用量を上げてみました。

これら約96万トンの食用大豆のうち、国内で生産されている大豆（国産大豆）は、その1／4にあたる約25万トンであり、残りの70万トン前後の食品用大豆はアメリカ、カナダを中心とする海外から輸入されています。それら海外での大豆栽培は、農家が日本の顧客と個別に栽培契約を結び、顧客の望む大豆品種を栽培しているのです。そして他の搾油用大豆との混合が起こらないように、農家サイロから始まる各段階のサイロや輸送形態も厳重に管理しながら、国内の加工業者に直接納入するという方法が取られています。

また、豆腐用大豆、納豆用大豆とひとまとめに書いていますが、実際はそれぞれの品種改良が大きく進んでおり、農家は日本の加工業者が望む大豆の品質に合わせて、粒の大きさ、タンパク質含量、種子の色などを細かく取り決めながら栽培をしているのです。

表４　食品用大豆用途別使用量
（2017年）

大豆製品	使用量 千トン	比　率 %
豆腐・油揚げ	451	47.0
味噌	133	13.9
納豆	132	13.8
豆乳	47	4.9
醤油	32	3.3
凍り豆腐	31	3.2
煮豆・総菜	19	2.0
きな粉	18	1.9
その他	96	10.0
合　　計	959	100

農水省資料

豆腐がいつ日本に入ってきたのかは明らかになっていませんが、江戸時代に大きく花開き、変化に富んだ豆腐料理が庶民に知られるようになりました。江戸時代に発行された有名な豆腐の料理本「豆腐百珍」などによって大衆に親しまれていた様子を知ることができます。

豆腐の歴史と日本への登場

豆腐は中国で生まれたものとされていますが、いつ頃から食べられていたかについては確かな記録がないのです。豆腐業界では2千年前、漢の末裔、准南王劉安（BC一七九～一二二）が発明したとして、毎年9月15日に准南市で日中両国の豆腐業者が集まって豆腐祭を行っているようですが、中国の専門家達は〝劉安説〟を認めていないようです。諸説入り乱れて結局のところ起源がよくわからない、というところです。

中国で最初に「豆腐」という文字が登場したのは九六五年に書かれた「清異録」だということが、江戸時代に発行された「豆腐百珍」の巻末に書かれています。文字が発達し、多くの記録が残されている中国でも豆腐の生い立ちについてははっきりしていないようです。

5世紀～6世紀頃の中国に生まれた豆腐が、いつ我が国に伝えられたのかについても定かではありません。一説によると奈良時代に、中国に渡った遣唐使の僧侶によって伝えられたとされていますが、これも明確な記録はありません。しかし、もしこの頃に豆腐が日本に伝来してきたことを想定すると、その役割を担ったのは僧侶以外には考えられないのです。最後の遣唐使が中国に行ったのが八三八年の平安時代末期であり、この頃中国への渡航が認められていたのは僧侶（留学僧侶）だけだったからです。日本から留学した僧侶が何らかの形で豆腐の製法を学び、その技術を日本に持ち帰り、自分の寺で豆腐を作り始めたのであろうと考えられます。空海が唐から持ち帰った、とする説もありますが、定かではありません。そして室町時代に入って豆腐は急速に普及していったのです。

豆腐が我が国の記録として最初に登場したのは、寿永2年（一一八三）、奈良春日大社の神主の日記に、お供物として「春近唐符一種」の記載があり、この「唐符」が最初の豆腐の記録とされています。さらに50余年おくれて、日蓮上人の手紙（一二三九）があり、この手紙の中に「すりだうふ」の文字が書かれているのです。この「すりだうふ」とは何物かは定かではありませんが、この頃から我が国で豆腐の名称が使われ始めたようです。

篠田統の「日本の食文化」によると、わが国で豆腐准南王説が広がっていったのは、徳川幕府の採用した朱子学によるところが大きいとしています。幕府は儒学の基本として朱子学を採用しましたが、その朱子に「世に伝う、豆腐はすなわち准南王の術」というくだりがあるのです。朱子大全は江戸時代の道学者の必読の書であったために、この辺から豆腐准南王説が普及したのではないかと推測されているのです。

豆腐の名前について

豆腐は中国から伝えられてきたものですが、その中国でも豆腐はさらに北方の遊牧民から持ち込まれた食品でした。南北朝から唐代にかけて、北方遊牧民族が中国へ侵入したとき、彼らは自分たちの常食としていた乳加工品、ことにその保存食品である乳腐を中原へと持ち込んできたのです。羊や山羊などの乳の利用が遅れていた中国の人たちは彼らの食品を真似て、乳の代りに色合いが似ている豆乳を原料として豆腐が工夫されたといわれています。つまり「豆腐」の原型は乳製品の一種である「乳腐」だったのです。〝豆腐〟や〝乳腐〟の腐という字は腐敗などとは全く関係がなく、牛乳から脂肪分の分離が不完全な乳汁は主にタンパク質から成りますが、放置しておくと乳酸醗酵を起こします。この沈殿物が乳腐（カード）であり、それを乾燥したものが乾酪（チーズ）です。豆汁にニガリを入れて沈殿凝固させた豆腐は、その状態や製造の過程がこの乳腐に似ていたところから「豆腐」の呼び方が定着していったようです。中国では、日本に豆腐が伝わる以前から「豆腐」と書き、「とーふ」と呼んでいます。日本では食品に「腐」の字がついたものは豆腐以外にありませんが、中国では腐皮（ゆば）、麻腐（ごま豆腐）、魚腐（魚の練り製品）などいくつか見られます。

乳腐はチーズかバター分の分離不充分なヨーグルト状と考えればよいでしょう。では、この乳腐の「腐」の字にはどんな意味があるのだろうか。明らかに伝統的な解釈の「くさる」ではないが、さりとて乳製品で「腐」に転訓しそうなものは、現代蒙古語には見あたらない、と民俗学者の梅棹忠夫は言っています。いずれにせよ、この「腐」字は乳製品の胡語に対する宛字であり、胡語だからこそ中国人がこのように不快・不潔な字をあてたのだろうと考えているようです。時代は南北朝、五胡十六国が江北を席捲していった頃の話です。こうして、乳腐と同様にやや軟かく、いささかプルンプルンとした感触の食物を「腐」と呼ぶようになり、豆乳から作られた乳腐の代用品なるものとして「豆腐」の呼称が出来上がったようです。

豆腐の健康機能について

豆腐は、かつては安価で手軽に購入できる食材として親まれていましたが、今ではいろいろな健康機能があることが、豆腐を購入する大きな動機になっているようです。豆腐の中には大豆が持っている成分の多くがそのまま移行しているので、大豆の持つ健康機能がそのまま豆腐の中に移っているといえます。さらに豆腐には凝固剤として硫酸カルシウム（すまし粉）、塩化マグネシウム（にがり）や塩化カルシウムが使われています。これらの成分もミネラル分として体に吸収されていきます。

大豆の持っている健康成分としては、タンパク質、油脂の他にも、レシチン、イソフラボン、ビタミンB_1、B_2、ビタミンE、K、食物繊維、トリプシンインヒビター、サポニンなどが多彩に含まれていますが、この中で水溶性成分とされるビタミンB群、イソフラボン、サポニンなどは豆腐製造工程中に若干の減少が起こっています。さらにおからが取り除かれるときにおから成分として炭水化物が除かれ、それと一緒に油溶性成分も多少は取り除かれていきますが、ほとんどの成分は豆腐の中に残されています。これらの成分による豆腐の健康機能には、いろいろな生活習慣病の予防や治療の効果があるとされています。

豆腐に含まれる豊富なタンパク質には人の体を構成する骨格、筋肉、酵素など最も大切なものの材料として働きます。これらのタンパク質を構成しているアミノ酸のバランスが素晴らしく、私たちの体を効率的に補強してくれています。大豆のタンパク質の約20％を占めているβ-コングリシニンには肝臓にある中性脂肪をエネルギーに変えることによって脂肪肝を予防する働きも知られています。

次に大豆油は、必須脂肪酸を多く含む大切な油脂で出来ています。実はさっぱりとした感じの冷奴の中にも大豆油はたっぷりと含まれているのです。そしてこれら大豆油は血液中のコレステロールを減らし、血管を動脈硬化から守ってくれる大切な働きをしているのです。また、バランスの良い脂肪酸の摂取は体内のホルモンなどの原料となり、体全体の機能を守る大切な働きをしています。

油がリンと結合した複合脂質である大豆レシチンも含まれています。レシチンには数種類が混在していますが、その中のいくつかは脳の神経細胞を活性化させる働きをしてくれています。また、体を作っている細胞自身もリン脂質による脂質二重膜により作られており、体の組織にとって大切な働きをしているのです。

木綿豆腐と絹ごし豆腐１００g中の成分を、**表5**に示しました。

勿論豆腐ですから、その９割近くが水分になりますが、炭水化物に比べてタンパク質と脂質の多さに注目してください。

表５　木綿豆腐、絹ごし豆腐（100 g）の成分表

栄養成分項目	木綿豆腐	絹ごし豆腐
エネルギー	72 kcal	56k cal
水分	86.8 g	89.4 g
タンパク質	6.6 g	4.9 g
脂質	4.2 g	3 g
炭水化物	1.6 g	2 g
ナトリウム	59 mg	14 mg
カリウム	140 mg	150 mg
カルシウム	86 mg	57 mg
ビタミン B_1	0.07 mg	0.1 mg
ビタミン B_2	0.03 mg	0.04 mg
ビタミン E	0.2 mg	0.1 mg
葉酸	12 µg	11 µg

日本食品標準成分表・七訂

わが国での豆腐料理の広がり

すでに見てきたように奈良時代の大宝律令に大豆発酵食品の「醤」「鼓」の文字が残っており、この頃にはすでに大豆の発酵食品が利用されていたことが伺えます。さらに中国から伝わってきた麹菌を使った納豆が寺院の間で作られるようになり「寺納豆」として大きく発展していった歴史もありますが、この時代にはまだ豆腐の姿はありませんでした。

豆腐の製造も初めは寺院の中で僧侶たちによって作られるようになり、豆腐の料理レパートリーが増えるにしたがって豆腐を使った精進料理などが普及していったのではないかと想像されます。そしてそれらが寺院から貴族社会や武家社会へと広がっていったのです。

豆腐が今も精進料理の主要な食材であることは、日本に最初に豆腐を伝えたのが僧侶だったことを思えば、当然のことと納得ができるところです。寺院の中では肉料理が食べられず、タンパク質はもっぱら大豆からという生活環境に入ると、どうしても肉料理、魚料理に対する郷愁が沸き起こってくるものです。そうした閉塞的な環境で生まれてくるのが豆腐を利用した「肉もどき料理」、「魚もどき料理」などの「もどき料理」でしょう。例えば現在も目にすることが出来る、豆腐を使った「ウナギのかば焼きもどき料理」などに腕を振るう遊び料理が生まれていたのです。そして今に残っているもどき料理の一種が、カモ肉料理に似せた「がんもどき」でしょう。これは雁料理を彷彿させる寺料理だったものが、市民の間に「がんもどき」として広がっていったのです。こうして寺院の中で豆腐料理が発達をし、鎌倉時代末期ごろになるとそれが民間へと伝わり、室町時代には日本各地へ広がった様子がうかがえます。

しかし、江戸時代になると当初は庶民が豆腐を食べることは認められていなかったようです。徳川家康と、その子の秀忠の時代には村々ではうどんやそばとともに、豆腐の製造も行ってはならず、農民がそれらを食べることも許されない禁止令が出されていたほどです。3代将軍・家光のときに出された「慶安御触書」には豆腐はぜいたく品として、農民に製造することを厳しく禁じています。しかしその家光の朝食には、豆腐の淡汁、さわさわ豆腐、いり豆腐、昼の膳にも擬似豆腐（豆腐をいったんくずして加工したもの）などが出されていたことが、残された資料からも見られます。

禅寺を中心にして、全国に豆腐料理が広がったのは、豆腐が料理の多彩なバリエーションを可能にしたからでしょう。庶民が豆腐を食べられるようになるのは江戸時代中頃からでした。それも江戸や京都、大阪などの大都市に限られていたのが実情のようです。江戸において豆腐料理屋は評判となります。江戸で初めて絹ごし豆腐を売った東京・上野の「笹の雪」は今も営業を続けている豆腐料理の老舗店です。当時、豆腐は木綿豆腐が一般的であり、絹ごし豆腐は高級品とされていたのです。私が卒業するときに研究室の教授が卒業生を連れてこの「笹の雪」でお別れの会食をしてくれたのを今も覚えています。

江戸の庶民に人気があったのは田楽であり、豆腐を串に刺して焼き、赤みそを付けて食べる料理として広まりました。そして豆腐料理の人気はさらに高まり、いろいろな豆腐料理の登場となります。豆腐の料理本である「豆腐百珍」が出されたのがこの頃であり、豆腐の人気もさらに高まっていったようです。現代よりも、豆腐料理に対して庶民の関心が高かった、と言っても過言ではないでしょう。こうして江戸時代に定着した豆腐は町の豆腐屋によって明治、大正時代へと引き継がれていくことになります。

明治から大正・昭和前期にかけての豆腐は、豆腐屋の店頭か行商で販売されていたもので、豆腐屋へ鍋などを持って買いに行くか、行商が来るのを待って買うという姿でした。壊れやすく、保存性がない食品であるため豆腐屋は朝早くから作業をして、その日のうちに売りきってしまうという、伝統的な商売をしていました。

しかし、戦後になって世の中が大きく変化するのに従って豆腐屋もその姿を変えていきます。原料大豆も第二次世界大戦中の配給統制から戦後の闇市場での国内大豆の流通へと変わり、戦災で焼け残った豆腐屋が仕事を再開するようになると、豆腐が庶民の食べ物として広がっていきます。そして豆腐業界の団体も作られ、その団体を通じてアメリカに原料大豆の供給を依頼したことによって、大豆の配給割り当て制度が始まります。

厳しい戦後の食糧難の中で町に出来た豆腐屋は周りの住民から親しまれ期待されたことでしょう。豆腐屋は原料の大豆さえ確保できれば作った豆腐はすぐ売れて、その日のうちに現金に替るという状況でした。それは豆腐だけでなく、おからを買う行列が出来るほどの人気だったようです。だから豆腐屋は闇業者を通じて必死に原料大豆を買い集めていた時代でした。

しかし、昭和30年後半になると都市部に出現したスーパーマーケットなどの量販店が豆腐屋の姿を大きく変えていきます。豆腐の製造を機械化したこれら量販店は大量生産へと姿を変えていきます。さらに包装資材の開発と包装機械の進歩によって豆腐の保存性が高まり、豆腐の広域販売が可能となり、豆腐業界は集約化と中小豆腐屋の廃業が一気に進むことになります。そして現在、私たちが近所で目にする豆腐の姿になっているのです。

それにしても、最初に豆腐を作った人たちはどんな気持ちで豆腐を作ったのでしょうか。私も若い頃に数年間研究室で豆腐を作っていたことがあります。豆腐を作るためには前日から準備をしておかなければならず、直前になって急に予定を変更することもできません。だから少量の豆腐を作ることはとても効率の悪い作業になります。また、豆腐は長期の保存ができません。だから豆腐を作るときには食べる人数、調理の内容もある程度計画を立てておかないと、無駄になってしまうこともあります。さらに、後始末の作業もしっかりとやっておかなければ、腐敗などを起こして後日の作業が続けられません。

現代のように豆腐を作る機材がそろっていれば無理なく作ることが出来るでしょうが、それほどの道具もない時代には大変な手間のかかる食品だったろうと想像します。

私は四国の片田舎の農家に生まれました。昔は祝い事などがあると隣近所の人たちが集まって料理を作っていました。その時には豆腐も近所の人たちで作りますが、有り合わせの台所道具を工夫しながら豆腐を作っているのを、私は子供の頃に眺めていたことがあります。鎌倉時代に豆腐を作った時の光景もこれに似ていたのかも知れませんね。

前日から水で膨潤しておいた大豆を石臼ですりつぶして呉汁を作り、釜に入れて煮たものを濾布で漉して豆乳にし、大きな桶の中ですまし粉によって固めて、さらに型箱に入れて水を抜いてやっと豆腐が出来上がるのです。豆腐料理はここから始まるので時間と労力のかかる料理と言えるでしょう。こんな料理はとても毎日作ることなんか出来ません。おそらく室町時代や江戸時代になっても一般庶民は祝い事などの行事があるときにしか豆腐は作らなかったのではないでしょうか。

豆腐の味とは何か

ところで肝心の豆腐の味について意外なきっかけから解明されることになりました。それはリポキシゲナーゼという大豆に含まれる酵素が関係していることがわかってきたのです。私たちが生大豆を噛むと、とたんに生臭い嫌な臭いが口いっぱいに広がります。これがリポキシゲナーゼの仕業なのです。

我々人間は大豆を食べるときには熱を加えてこの酵素を失活させ、働かないようにしてから食べているのです。この酵素の働きを簡単に説明すると、大豆の組織を噛んだり磨り潰したりすると、大豆に含まれているリポキシゲナーゼが瞬時に働き出し、大豆に含まれている不飽和脂肪酸に働きかけて過酸化脂質を作り、さらにそれを分解してアルデヒド類を生成して青臭みを発生させるのです。

この生大豆の青臭みは、普段大豆食品を食べ慣れている日本人にも不快臭になりますが、大豆食になじみの薄い欧米人にとっては、たとえ加熱処理をしてもなかなか食べにくい壁となって立ちふさがっているのです。そこで人間は勝手なことを企てるのです。大豆の大事な防御システムと考えられているリポキシゲナーゼを取り除く品種改良に取り組んだのです。

今や大豆は農家の保護のもとで栽培されているので、自分の身を護る機能がなくても安全に生育できるのです。そして、なんと日本の技術でそれを完成させてしまったのです。つまりリポキシゲナーゼ欠失大豆の誕生です。これで大豆からいやな匂いがなくなった、と関係者の間で期待が大きく膨らみました。そこでこのリポキシゲナーゼ欠失大豆でまず作ってみたのが、大豆の最も大きな用途である豆腐だったのです。その豆腐を試食した皆が一瞬戸惑ってしまいました。思ってもみなかったことに直面したのです。豆腐らしい味がしなかったのです。そこで皆がぶつかったのは、「ところで豆腐の味ってなんだったのだろうか？」という基本的なことでした。

いろいろ試しているうちにわかったことは、今まで豆腐の味として親しんでいたのはリポキシゲナーゼで酸化された大豆油の味だったのです。たとえ豆乳にショ糖やグルタミン酸ソーダなどの調味料を添加して凝固させたとしても、豆腐の食味の向上には結びつきません。豆腐には大豆油を酸化した味と匂いが必要だったのです。逆に、この酵素が働きかけることのできるリノール酸、α-リノレン酸のような多価不飽和脂肪酸が多く含まれている大豆ほど、豆腐にしたときに旨味やコクが感じられたのです。また、リポキシゲナーゼによって作られる脂質酸化生成物には香気成分を多く含んでいることもわかり、味と匂いの両方で豆腐の旨味を作っていたのです。豆腐を作るときに水で膨潤させた大豆を磨砕して呉汁を作りますが、この時にリポキシゲナーゼが目覚めて大豆油に作用して豆腐の味を作っていたことになります。

いままでは豆腐を食べるときにはタンパク質のことは意識にあったことでしょうが、大豆油についてはほとんど意識の外だったように思います。油脂を豊富に含んでいる大豆食品にはどれにもその中には油脂が逃げずに残っており、味にも影響を与えていたことをすっかり見逃していました。豆腐だけでなく、大豆を調理したいろいろな和食の中にも、酸化された大豆油が風味として大きな影響を与えている可能性があるのです。

2.3　油脂の歴史について

古代中国の大豆油の記録

古代中国の周王朝の時代には、すでに宴会に出される会席料理があったとされていますが、この時代の料理には8種類の料理からなる「周の八珍」と言われ、焼く、煮る、酒漬け生物、野菜の塩漬けなどがありましたが油料理はまだ姿を見せていません。その後の三国時代でも焼く、蒸す、煮る、乾す、漬けるといった調理が行われ、現代に続く中国料理の基本が、この時代にほぼ出来上がっていたようですが、ここにも油脂を使った調理はまだ見られません。

油料理が出現するのは日本の奈良時代にあたる随や唐の時代からと言われています。そうなると卑弥呼の時代に我が国にもたらされたとされる搾油道具は料理に使われる油脂ではなく、灯油を作るためだったと推測することが出来ます。その後の時代になると、調理にも植物油が使われるようになっていったと思われます。当時の墳墓から出土した副葬品には乾燥した状態の餃子やビスケット風の菓子などが見られ、ここには油脂を使った形跡があるのです。

現在の中国料理に多く見られる「炒める」「揚げる」といった油を使った調理法が広まったのは、日本の奈良時代にあたる頃からとされています。それは磁器を作るための火力の強い石炭窯を、料理用の炉やかまどとして使うようになってから広まったと言われています。この時代は中国でいろいろな技術が発明された時代であり、印刷機、羅針盤、火薬などが発明される傍らで、人々はグルメにも目覚めていったのではないでしょうか。この時代になると次々と新たな食材や調理法が生まれて、街には多くの料理店が並び、食材に特化した専門料理店もこの頃から現れたとされています。陣達叟（ちんたつそう）の「本心齋疏食譜」のような食に関する本も数多く出版されるようになります。この時代に油調理が登場してきますが、大豆油がこれらの調理に使われていたかどうかは定かではありません。

日本における植物油の誕生

日本では大豆は味噌、醤油、豆腐、納豆、黄な粉や湯葉など大豆そのものを調理、加工して利用しており、昔は大豆から油を搾るということは行われていませんでした。でも現代では世界的にも、日本においても大豆油は主要な食材として消費者の間に広く行き渡っています。いつ、どのようにして大豆油が生れたのか、そのことを探ってみたいと思います。

我が国における植物油利用の歴史は、3世紀の初めころに中国から搾油技術が伝えられ、ハシバミの実から搾った油が神社に奉納されたのが始まりとされています。この3世紀という時代は中国ではちょうど魏、呉、蜀の三国が戦っていた「三国時代」に当たります。また我が国では弥生時代の後半に当たり、邪馬台国の卑弥呼が中国の魏の国に使者を送っていた時代でもあったのです。
この時代は卑弥呼が魏の国に使者を送ったのが突出した行為だったのではなく、日本海沿岸にはすでに海村民と呼ばれる人たちが、日本海をはさんで大陸との間で、民間レベルでの物々交換の交流が行われていた時代でもあったのです。

それら海村民がいた地域は九州北部沿岸から山陰沿岸に続き、さらに隠岐の島に続く広い地域に広がっていました。そしてそんな中で、北九州の沿岸部や島根県松江市にある田和山遺跡などでは海外との交流に使われていた「板石硯」が40個以上見つかっており、我が国と大陸との間で交流があったことが知られています。またその板石硯の裏側には交易の記録と見られる墨文字が見られ、それらは我が国で見る最初の文字ではないかと言われています。この当時はまだ我が国には文字がなかったので、ここに書かれていたのは魏の国や呉の国から交易のために来た人たちの記録だったと思われます。

卑弥呼は魏の国に対して二三九年に水銀などの貢物と共に使者を送っており、その後も数回にわたって使者を送っていたことが陳寿によって書かれた中国の歴史書「正史三国志」の中の「魏志倭人伝」に残されています。卑弥呼はこのときに魏の皇帝に対して貢物の他に大勢の男子を献上しているのです。三国時代という戦国時代にあっては、兵士となる男子はこの上ない献上物だったからです。これに対して魏の国王からは卑弥呼に対して鏡など最大級の返礼があったとされています。あるいは、それらの中に当時、魏の国で使われていた油を搾る道具などが含まれていたのではないかと想像されます。しかしそれらはどんな道具だったのか、などについてなんら記録が残っていません。しかしこの時代から、我が国では灯明に使われる油の生産が始まり、その油もハシバミ油から始まって椿油、ゴマ油、えごま油、カヤの油へとその植物油利用は拡がっていったようです。

これらの中でなるべく煤（すす）の出ない油が特に求められていったと考えられます。奈良時代になると、煤の少ないゴマ油が税として徴収されています。それは神社や寺院などの室内で焚いたときに室内を煤で汚さないためにも必要なことだったのでしょう。このように、その当時はゴマ油が最も貴重な油とされていたようで、天平年間のゴマ油の価格を米に換算すると、米4斗5升（67・5kg）がゴマ油1升（1・65kg）に匹敵したとされています。もちろんこのような油は、一部の貴族や神社仏閣への奉納のために使われていたものであり、庶民には手の届かない貴重品だったはずです。そしてこれらの油を搾る職人たちも登場するようになります。このように油はもっぱら高貴な人や神社、仏閣の灯りをともすために搾られていたのであり、人の栄養としての油脂は、動物や魚、植物などを直接食べることにより自然に摂取できていたので、無理に油を作って調理しようとは思わなかったのでしょう。それよりも大切だったのが、信仰する神仏をもてなす「灯火」を守ることだったのです。そのために灯火の原料探しは真剣に考えられ、燈明の油を絶やしてしまう「油断」は、最も気を付けなければならなかったこととされ、決して油断してはならない留意事項だったのです。

平安時代以降の油の利用

京都大山崎町にある離宮八幡宮の初伝によると、貞観元年（八五九）、この地に宇佐八幡宮の神霊を奉遷した時に、神事・雑役に奉仕する神人が「長木」という搾り具を使ってえごまの油を搾り朝廷などに献納したとされています。この長木という搾り具の様子は国宝「信貴山縁起絵巻」（平安時代後期の作）山崎長者の巻の冒頭部分に描かれています。そこには2本の棒を立て、それに横木を固定している様子が描かれており、古代中国で使われていた圧搾法に似た道具であることが想像されます。油を献納した神社の宮司はその功により「油司」の役を賜り、それ以降、同神社の神人たちはえごま油の独占販売権を認められ、その影響力を強めていきました。鎌倉時代になると、この人たちの集団が「油座」（油商人の組合）を結成し、全国に活躍の場を広げていったのです。

わが国は良質の水が身近にあることから、水を使った煮物などの料理が発達しており、油を使って調理するということは特別の時にしか行われなかったのです。その頃の調理は焼く、茹でる、煮る、蒸すが主な調理方法だったのです。平安時代になると、中国、唐からいろいろな文化と共に調理についても伝えられ、その中に「唐菓子（からくだもの）」という揚げ物が伝えられています。しかしそれらは当時の一部の貴族や寺院で取り上げられたに過ぎず、庶民にまでは波及していません。

室町時代の終わり頃になるとなたね油も使われるようになります。禅宗を信奉していた武家文化は、食生活でも精進料理として油料理を少しずつ取り入れるようになっていきます。この頃の料理書とされている「大草家料理書」にも「ふやこんにゃくやとうふ、いずれも万（よろず）の精進物油にてあげても吉也」と書かれており、植物油で揚げる調理法が珍重されていたことが伺えます。

こうしてこの頃になると寺院に伝えられた油料理の影響によって、徐々にゴマ油やなたね油を使った料理が生まれてきます。大豆は主要な食材としてこれらの料理に使われますが、ここにはまだ大豆油は登場しません。江戸時代になっても、まだ油はほとんどが行燈（あんどん）の燃料として使われていましたが、やがて大規模に油を搾る器具が開発され、さらに大阪を中心になたねが大量に栽培されるようになり、徐々に調理用のなたね油が庶民の手の届くようになっていきました。そして「煮売屋」という今の総菜屋のような店が、揚げ昆布や豆腐の油揚げなどを日常的に売るようになります。

安土桃山時代になると、ポルトガルやオランダの人たちが長崎に持ち込んできた油料理も、南蛮料理として庶民の間に広がっていき、天ぷらもこの頃に生れたと言われています。一六五五年には隠元和尚が京都万福寺に「普茶料理」として油で調理した料理を持ち込んだことなどによって我が国では油調理の幕開けを迎えることになります。それまでは日本では油調理としては普及せず、油はもっぱら灯りをともす材料でしかなかったのです。

江戸時代も後期になると油もゴマ油、えごま油、クルミ油、椿油などが大量につくられるようになり、天ぷらなどの調理にも使えるようになります。18世紀末にはなたね油が広く普及するようになり、油桶を担いで売り歩く「油売り」も町で見かけるようになります。当時、江戸で使われる油の大半は大阪からの定期船便である樽廻船や菱垣廻船で運ばれて来ていました。一七一四年（正徳4年）の大阪からの積出量を見ると、積み荷全体の27％がなたね油で、綿実油が6・4％、ゴマ油が2・2％となっており、多くの油脂が江戸に向けて送られていたことがわかっています。

当時、なたね油は良質の灯用油として利用されていましたが、安価ななたね油が多量に出回ったことによって、徐々に食用として使用されるようになります。また、享保年間（一七一六〜一七三五）には、今の西宮市付近で水車を利用した水力搾りが工夫され、それまで人力に頼っていた大阪のなたね業者の搾油法を圧倒する勢いをみせ、一時は幕府が西宮付近の業者に対しては原料なたねの供給を制限する措置をとったりしたようです。しかし、一七七〇年（明和7年）にはこの統制策も緩和され、その後は関東地方でもなたね油の生産が行われるようになり、価格も更に安価になっていき、なたね油は広くゆきわたっていくようになります。

しかし、当時のなたね油で調理された料理は果たして美味だったのか、私ははなはだ疑問に思っています。当時のなたね油には現在の市販されている油を想像することは出来ません。現在の植物油は、ゴマ油やエキストラバージンオリーブ油など一部の油脂を除いて、それぞれの植物から油を搾り出した後で高度な精製工程を経ているものなのです。これらの精製技術は昭和の時代になってから完成された技術であり、それ以前の油にはまったく適応されていません。つまり、現在で言えば多くの植物油の原油を調理に使っていたということになります。

しかし、当時のなたね油を使った調理には特有の風味が好評だったようで、当時の人たちにとっては美味であったことが想像されます。その頃のなたね油は業界内部では、「赤水」と呼ばれていて、当時の精製されていない、現在で言えば原油に相当するなたね油の独特の風味を楽しんでいたようです。この赤水という名前は当時のなたね油の色を見て呼んだのものと想像するとわかりやすいでしょう。昭和の時代になり、これらなたね油が精製されるようになると、「白絞油」と呼んで赤水と区別しています。

では、現在の精製油は原油と比べるとどの程度の品質の差があるのか。それは、現在の多くの植物油は、原料から搾った原油をスタートとして、そこから脱ガム工程、脱酸工程、脱色工程、脱臭工程と大きく4つの精製工程を経ているのです。これらの工程を経ることによって原油中に含まれていた不安定な物質や、油脂以外の不純物はすべて取り除かれています。

表6　明治後期～大正時代の日本の大豆生産量

年　度	生産量（千トン）
明治31年（1898）	400
明治35年（1902）	404
明治39年（1906）	453
明治43年（1910）	438
大正3年（1914）	473
大正10年（1921）	534
大正14年（1925）	395

農林省累計統計表

もし精製していない原油を使ってフライパンで野菜などを炒めたらどうなるか、まずは油から猛烈な煙が発生していたことと思います。さらに油にレシチン分などが含まれていれば、フライパンの中が泡だっていたかも知れません。また、揮発成分も残っているので臭いもすごかったことと思います。

それらを避けるように当時の人たちは低温で調理していたのかも知れませんが、はたしてどんな味がしていたのか、現代の精製油脂からは想像ができないと思います。

表6に示した農林省が発表した累計統計表によると、明治の後半から大正時代にかけての日本の大豆生産量は年平均約45万トンであり、現代（令和初頭3年間平均）の国産大豆の生産量23万トンに比べれば、当時は現在の倍の大豆を生産していたことになります。しかし、ここには大豆油はまだ登場していません。当時の国産大豆は全て醸造用と食用に使われており、搾油して大豆油を生産することは考えられていなかったのです。

2.4　大豆油と油脂の働き

大豆油

大豆から油脂を採り出す搾油法は、大きく分けて圧搾法と溶剤抽出法の二つがありますが、現在最も広く行われているのがヘキサンを使った溶剤抽出法です。この方法はかつて満鉄（詳細は128頁に）が研究開発したものが今も基本となっており、部分的には若干の改善が加えられていますが、抽出工程に大きな変更はありません。

具体的には、まず原料大豆から夾雑物などを除いて乾燥し、大豆を4～6個に破砕します。さらに溶剤で抽出しやすいように50～60℃に加温し、組織を柔らかくした後にロールで薄く圧扁してフレーク状にします。この前処理工程に続いて、ヘキサン溶剤で油脂を抽出します。抽出された油の溶液（ミセラ）を蒸留し、完全に溶剤を除去すると原油が得られます。

ここから油脂の精製工程に入ります。まずこの原油に水を加えて水和し、脱ガム工程を経ることにより脱ガム原油が得られます。次にアルカリ処理による脱酸工程、活性白土による脱色工程、真空下で水蒸気蒸留を行う脱臭工程を経て精製大豆油が生まれます。これら精製工程において原油に含まれていた物質が除かれてさらさらとした精製大豆油になりますが、ここで除かれた物質には多くの有用物質が含まれています。その主なものはつぎの通りです。

① リン脂質：食用油の中にこの物質が残っていると、加熱調理したときに着色、泡立ちが起こるなどの原因となります。精製工程で摂り出された大豆のリン脂質は「大豆レシチン」と呼ばれて多くの用途に利用されています。レシチンは植物性としては大豆から、動物性としては卵黄から摂り出されており、大豆レシチンが得られるのが大豆油の特徴です。

大豆レシチンには界面活性作用があり、湿潤性や酸化防止効果、剥離効果、香気保持作用、でん粉の老化防止作用などいろいろな機能が知られています。それらを利用して食品添加物としてはマーガリン、チョコレート、パン、ケーキ類、製麺・マカロニ用、ハム・ソーセージ・水練り製品などに使われています。その他、医薬品や口紅などの化粧品、ヘヤリンスなどの毛髪製品の他、動物用飼料、農薬原料、さらにはペイントや皮革製品、磁気テープなどに幅広く利用されています。

② トコフェロール：大豆油はトウモロコシ油と共に総トコフェロール含量の多い植物油です。トコフェロールはビタミンEとも言われ、抗酸化効果を発揮することから健康食品として知られています。その働きにより認知機能の劣化を防ぎ、若さを保つ働きをすると言われています。

③ ステロール：動物性食品にはコレステロールが含まれていますが、植物油脂にはステロールが含まれ

ており、動物が持つコレステロールはありません。これら植物ステロールの30％ほどは油脂の精製工程で除去されますが、多くのステロールが残っているのが大豆油など植物油の特徴です。これらステロールを摂取していると、体内でコレステロールの沈着が減少していき、血液などの循環器系疾患を防ぐ働きが知られています。なお、植物ステロールはその後、体内にはほとんど吸収されず、コレステロールと共に体外に排泄されてしまいます。

大豆油の栄養

大豆についての研究は、当初は如何に大豆の生産量を増やすかに主眼が置かれていたので、大豆油に注目するのは少し遅れてからになります。油脂についての研究は魚油などの利用研究から始まったとされています。しかし、大豆に対する注目度が高まると共に大豆油の研究が盛んになり、大豆油を構成している脂肪酸としてリノール酸とリノレン酸が多く含まれていることが明らかになってきます。そしてこれらの脂肪酸は多価不飽和脂肪酸として、栄養面での重要性が明らかにされてきます。それらを発見したのは一九三〇年のブル夫妻による研究でした。その後リノール酸はアラキドン酸の前駆物質であることや、α-リノレン酸がペンタエン酸やヘキサエン酸の前期物質であることが明らかとなり、これらは体内で合成できない脂肪酸として、その機能の重要性からこれら脂肪酸に対して必須脂肪酸としての認識が広がります。

大豆油には、これら二つの必須脂肪酸が含まれており、今では栄養価の高い油脂として知られています。これらの必須脂肪酸の働きは次の通りです。

①　リノール酸などのn-6系脂肪酸が欠乏すると：発育障害、不妊（男女ともに）、免疫力低下、皮膚障害、毛細血管の脆弱化、胃腸障害、高血圧、視力の低下、肝臓・心臓でのATP合成率の低下、心筋収縮力の低下などが指摘されています。

②　α-リノレン酸などのn-3系脂肪酸の働きとして：血栓症、動脈硬化の予防、脳神経機能の維持、向上。網膜機能の維持。免疫能の正常化（過敏症の改善）、癌細胞の増殖緩和、降圧作用、高脂血症の改善などが挙げられています。

大豆油に占めるリノール酸の比率は約55%、α-リノレン酸の比率は7.5%程度とされています。このように大豆油には私たちの健康を支える重要な成分がふくまれており、これらは食事から摂取しないと体内で合成出来ない必須脂肪酸とされているのです。大豆油にはα-リノレン酸が含まれているので油の粘度が他の植物油に比べて少し低いのですが、調理に使っている時にはあまり気づかない程度です。

大豆油の利用

多くの大豆油は調理に利用されています。調理用の植物油脂は大きく分けて調理した時の香りを楽しむ油と、匂いが少なく色も淡く、どの料理にも適合する油とに区分することが出来ます。香りを楽しむ植物油としては、ゴマ油やオリーブ油が使われています。これらの油は香り成分を取り除かないように精製工程は必要最小限度にとどめています。

大豆油は製造工程でもわかるように大豆から抽出した原油を何工程もかけて含まれている不純物を取り除

図２　世界の主要油脂生産量推移

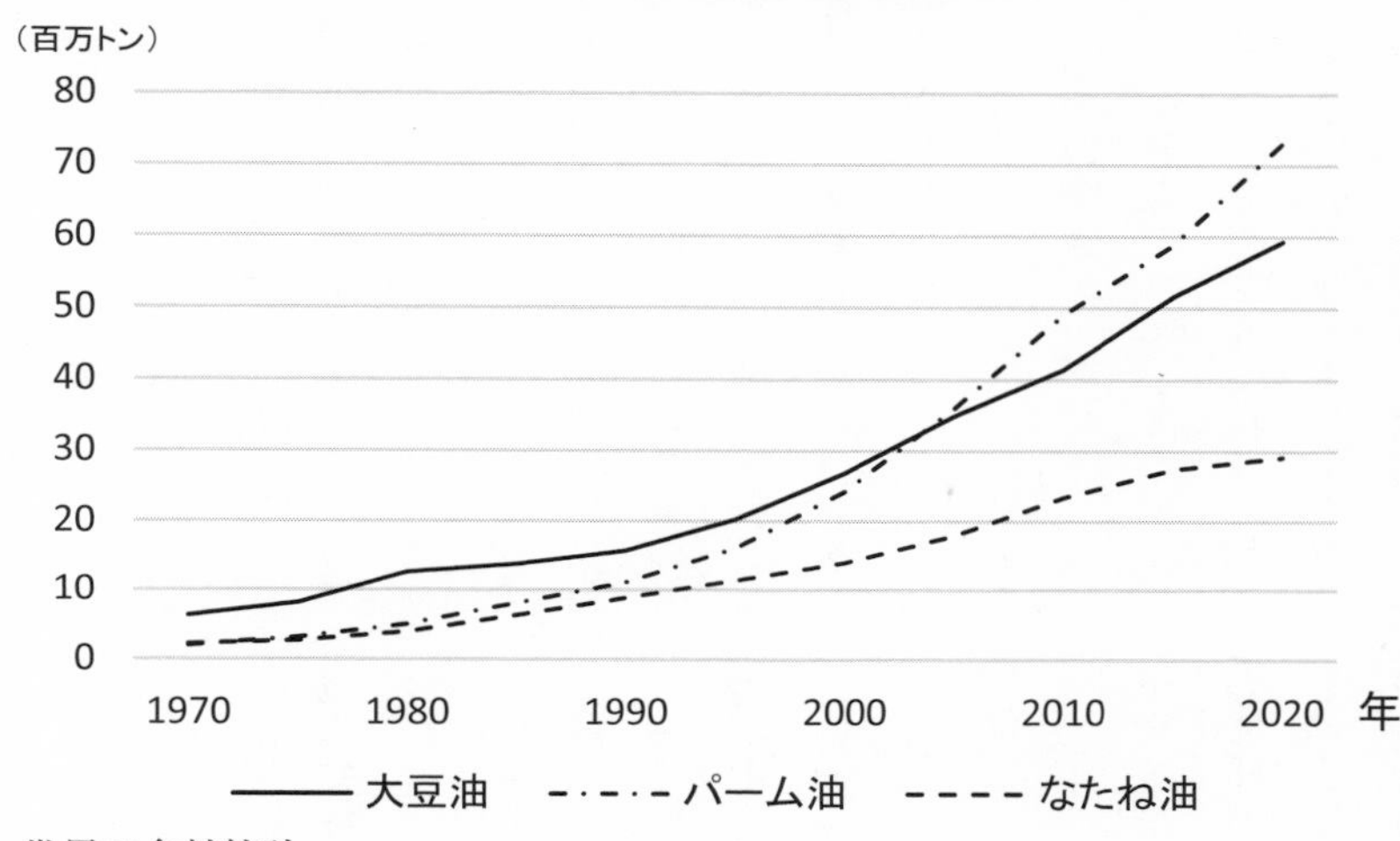

世界の食料統計

いているので香り成分が少なくなっていますが、どのような料理にも適合するように匂いが少なく、くせのない油に仕上げられています。

大豆油を使って天ぷらを揚げると、天ぷら特有の香ばしさが感じられます。それは大豆油に多く含まれているリノール酸の働きとされています。それは小麦粉に含まれているアミノ酸と大豆油中のリノール酸の反応によるものです。シリコーン油のようにグリセリドでない油や、合成トリオレインを用いて小麦粉生地を揚げた場合は、こうばしさが認められません。しかしここにリノール酸メチルを添加すると天ぷららしい香ばしさが匂ってきます。つまり、天ぷらの香ばしさには大豆油に豊富に含まれているリノール酸が大切な働きをしているのです。

二〇二一年度における世界の大豆油生産量は、6187万トンであり、パーム油の7721万トンに次ぐ生産量になっています。これらのうちで食品用として利用された大豆油は４７９８万トンとなっており、20年前の食用大豆油の消費量２８９４万トンの１・66倍と大きく拡大しています。

わが国では大豆油の約70％がサラダ油など液状油としてそのまま利用されており、さらにマーガリン、ショートニングとして約７％、マヨネーズ、ドレッシングなどに約16％が利用されています。

大豆油は低温でのエマルジョン安定性が優れているので、これらの調理用油脂として広く使われています。

さらに量的に安定した、豊富な大豆油は油脂加工原料としても、塗料、樹脂、可塑剤などの工業分野でも広く利用されています。塗料に用いられるアルキド樹脂には、大豆油、大豆油脂肪酸が多く使われています。このアルキド樹脂は、自動車の外装や焼付塗装、建築用塗料、船舶用塗料、印刷インキなどなどに使われています。また、大豆油を原料としたエポキシ系可塑剤が、可塑剤・安定剤として広く使われています。ここに使われる精製大豆油には、金属その他の不純物が少ないことが求められており、極度に精製された大豆油が使われているのです。

油脂の働き

油脂は動物であれ植物であれ、それぞれの体内で生命活動を維持するために必要で大切な物質です。大豆に含まれる油脂も人に食べられるために種子に蓄えているわけではなく、自分の子孫に命をつなぐために種子の発芽に必要なエネルギー源として、そして生命活動に必要な成分として油脂を蓄えているのです。大豆だけでなく動物や魚の油脂も、野菜や果物もそれぞれの体内にある油脂は自分の命を支えるために蓄積しているのです。それを人間や動物が自分の体に足りない成分を補強するために、油脂を摂取して（食べて）いるのです。

それらの油脂を蓄えている動物や植物はいろいろな環境の中で育っています。その育っている環境の中で自分の体が利用しやすい形で油脂を蓄積しているのです。だからどのような環境の中で油を蓄積していたかによって、そこに含まれている油の性質が違っています。摂氏5℃以下の冷たい海水の中で生活している魚類には、その冷たい環境の中でも自分の体の生理メカニズムで利用できる低温対応の油脂として蓄積しています。熱帯地方に育つ植物では摂氏50℃を越える過酷な環境でも酸化が進まないように構成された油脂を体内に持っているのです。それらは油脂を構成する脂肪酸の組み合わせを変えることによって、油の酸化に対する抵抗性や流動性を保っているのです。つまり同じ油でも、熱帯に生まれた油と寒冷地で生まれた油は、当然のこととして油を組み立てている脂肪酸の組成は違うのです。

油脂をどう見るか

私たちは油脂について話すときによく使う表現が大豆油、なたね油、オリーブ油、魚油などのように、その油脂が含まれていた原料を見て油脂の区別をしていますが、この表現はかならずしも油脂を正確に区別していないのです。油脂とはグリセリンに3つの脂肪酸が結合して出来ています。別の原料から作られた油脂でもそれを構成している脂肪酸が同じ組み合わせであれば、私たちの体内に取りこまれた後の栄養や働きなどの挙動は全く同じとなります。さらに現在では油脂原料の品種改良によって本来の脂肪酸組成の構成を変えてあるものもあります。例えば大豆油に多いリノール酸を減らして、熱に強いオレイン酸を増やした「高オレイン酸大豆油」や、同じようにトウモロコシのオレイン酸含量を増やした「高オレイン酸トウモロコシ油」などは大豆とかトウモロコシの名前がついていますが、中に含まれている脂肪酸の構成はなたね油やオリーブ油に似た性質を持っているのです。つまり油脂の性質を決めているのは、原料となる名前ではなく、その油脂を構成している脂肪酸の比率によってその性質が決められるのです。

これらの性質を決めている脂肪酸は大きく分けて飽和脂肪酸、一価不飽和脂肪酸、多価不飽和脂肪酸の3種類に区分けされています。これらを別の呼び方では飽和脂肪酸、オメガ9、オメガ6、オメガ3とも呼ばれています。オメガ6とオメガ3は共に多価不飽和脂肪酸と分類されています。私たちが油の栄養を考えるときに大切なことは、これらの脂肪酸をバランスよく摂取することです。それぞれの油脂原料に含まれている油脂にはその生物に必要な脂肪酸バランスとなっていますが、それは必ずしも人間の体が必要としているバランスとは同じではないのです。近年はオリーブ油などを好んで使用している人もいますが、オリーブと人間の体に必要な脂肪酸のバランスは、当然のことながら全く違うのです。人には人の望ましい脂肪酸バランスがあり、魚には魚のバランスがあるのです。私たちは食事が偏らないようにして、体内に取り入れた脂肪酸のバランスを適正に保つ必要があるのです。

油脂の性質は脂肪酸で決まる

私たちの身近な食用油脂の脂肪酸バランスを見ても、どの油脂も人間の体にとって望ましいとされるバランスに合致している油脂はありません。つまり私たちは1種類の油脂に頼るのではなく、摂取する油脂が偏らないように動物脂、植物脂、魚油を組み合わせることによって、バランスを整えなければならないのです。

これら3つの脂肪酸はどれも私たちの体にとって大切な働きをしてくれているのです。主な働きを取り上げてみると次のようになります。

オメガ3脂肪酸（αリノレン酸、DHA、EPA・魚油、亜麻仁油、えごま油）：炎症の抑制、細胞膜の柔軟性。
オメガ6脂肪酸（リノール酸・大豆油、トウモロコシ油、ゴマ油）：細胞の合成、血液の流動性。
オメガ9脂肪酸（オレイン酸・なたね油、オリーブ油）：悪玉コレステロールの低下。
飽和脂肪酸（パルミチン酸・動物油脂、熱帯油脂、パーム油）：エネルギー産生、ホルモンの原料。

このようにオメガ3脂肪酸も飽和脂肪酸も、私たちの体にとっては必要な油脂ですが、これが体内で片寄ってしまいバランスが崩れると体に異変が起こります。また、油脂は温度によって液状のものと固体のものとがあります。これらの油脂を摂取して体内に取り入れた時に、人の体温の中でドロドロ状態かサラサラ状態か、このことも油脂を摂取するときに気を付けておかなければならない視点です。

さらに、油は酸素や光で酸化されやすい性質をもっています。油が酸化すると健康のために良くない反応を体内で起こします。それらを防ぐには酸化反応に抵抗性の強い飽和脂肪酸含量の高い油脂で加工する方法もあります。しかし、酸化に強いとされる飽和脂肪酸は血管内で動脈硬化などの心疾患を起こす心配があり、必ずしも安心はできません。

脂肪酸の組成は生育環境で変化する

油脂はそれぞれの生物体内で、ホルモンや細胞などいろいろな材料として利用されるために、数種類の脂肪酸の混合物として組み合わされていますが、それは住んでいる環境に強く影響を受けています。冷たい海水に住む魚は冷たい温度でも、油脂の流動性が保たれるように高度な不飽和脂肪酸を多く含んでおり、熱帯の植物に含まれる油脂は高温でも酸化が進みにくい飽和脂肪酸を中心とした組み合わせになっています。

魚油の脂肪酸分析によると、同じ魚でも南方の暖流を泳いでいる魚よりも寒流に住んでいる魚のほうが不飽和脂肪酸を多く含んでおり、低温環境に対応して流動性が保たれるようになっていることが明らかにされています。広い海を泳いでいる魚の油の脂肪酸構成は魚の種類による差よりも、その魚が暖流にいるのか寒流を泳いでいるのかの環境による影響の方が強いことも指摘されています。(野口駿)

アメリカで栽培されている大豆も暖かい南部地方で生産された大豆から得られる油脂よりも、カナダ国境に近い北部の涼しい地域で栽培される大豆油の方が、多価不飽和脂肪酸比率が高い油脂になる傾向もわかっています。

冷たい海水に住む魚の油を36度の体温を持つ人間が食べると、その油脂は人の体温で温められてサラサラの流動性を高め、それらが取り込まれた血液の流れがスムーズになることがわかっています。北極に住むエスキモー人は冷たい海に住むアザラシやオットセイの肉を食べていますが、これらの肉と一緒に体内に入った油脂が温かい人間の体温で温められてサラサラになり、動脈硬化などの循環器系疾患を起こしにくくなることも知られています。同じ理屈で人間よりも体温の高い牛や豚の油を我々人間が食べると人の体内で、その油脂を取り込んだ血液が流動性の悪いドロドロの状態になることは容易に想像されます。

このように、冷たい海水の中で生活をしている魚に含まれる油脂は低温で流動性が保たれるような仕組み（脂肪酸組成）になっていますが、このことは何も油脂だけの話ではないのです。

魚に含まれているあらゆる生理活性物質も同じように低温で活性化できるようになっているのです。漁師が魚を冷たい水中から釣り上げたその後の流通過程において、全て氷詰めにしているのは、陸上の気温によって魚の体内にある低温対応の酵素が異常反応を起こさないためなのです。これらが異常反応することによって魚の鮮度が低下し、タンパク質の分解や油脂の酸化が進み、それが魚の劣化につながることになります。このように低温で生活している魚の全てが低温仕様になっているのです。このことは全ての生命体についても言えることです。

どんな油脂を食べると36℃の体温を持つ人間の血液がサラサラになるのかは、その油脂がどのような環境で作られたものかを想像してみればある程度の予測ができます。大豆は現在ではブラジルやアフリカの高地でも栽培されていますが、元もとは旧満州や北海道など温暖地方でもやや涼しい地方で育ってきています。それが大豆の持つ脂肪酸組成に表れており、多価不飽和脂肪酸の多い血液をサラサラにするリノール酸主体の組み合わせになっているのです。このように各油脂の特徴のひとつは、育ってきた環境に適応した脂肪酸組成になる傾向が見られることです。

もちろん体内に含まれる脂肪酸組成は、単に周辺の気温だけで決められるわけではありません。大豆と同じようにオメガ6脂肪酸のリノール酸を多く含んでいる植物油としては、綿実油、サフラワー油、ヒマワリ油、グレープシードオイル、トウモロコシ油、ゴマ油などが挙げられます。これらは必ずしも涼しい環境で生まれたとは言えない種子であり、すべてが環境によって決められて、いるとは言えませんが、大きな要因であることには間違いがないでしょう。しかしこれらの油脂の中にはオメガ3の脂肪酸がほとんど含まれていないことが大豆油と違うところです。大豆油には7・5%ほどのα-リノレン酸を含んでおり、多価不飽和脂肪酸としてのバランスが良い植物油脂と言えるのです。このα-リノレン酸はオリーブ油、綿実油、ヒマワリ油、ゴマ油、パーム油などには含まれていません。このように油脂の持つ脂肪酸組成には、その生物が持つ遺伝子も関与していることは否定できませんが、ここでは生育環境による影響が大きいことを取り上げてみました。

油脂に含まれる脂肪酸バランスと、主要な脂肪酸の融点を示してみました。これによってそれぞれの油脂が我々の体にどのような働きかけをしているのか、推測することが出来ます。（表7）

例えば大豆油を見れば、飽和脂肪酸が少なくて多価不飽和脂肪酸が多い組み合わせになっています。このことはこれらの脂肪酸が体内に取り入れられて、人の血管内に入った時の血液の流動性がスムーズになるこ

表７　油の性質を示す脂肪酸組成

	飽和脂肪酸	一価不飽和脂肪酸	多価不飽和脂肪酸	主な脂肪酸の融点
魚油（サケ）	31%	41%	28% EPA,DHA	EPA、DHA -44 〜 -54℃
大豆油	15	26	59	リノール酸　-5℃
なたね油	8	65	27	オレイン酸　16.3℃
オリーブ油	15	75	10	オレイン酸　16.3℃
牛脂	48	49	3	パルミチン酸 63.1℃
パーム油	50	40	10	パルミチン酸 63.1℃
バター	71	22	3	パルミチン酸 63.1℃
マーガリン	28	47	15	オレイン酸　16.3℃

とが想像できます。最も多い脂肪酸であるリノール酸の融点がマイナス5℃であり、体温36℃の体内ではサラサラの状態といえるでしょう。

逆に牛脂やパーム油に多く含まれている脂肪酸のステアリン酸やパルミチン酸の融点は63℃ですから、体温36℃の人の血管内にあってはとても動きの悪い状態と想像することができます。オレイン酸が主体のなたね油やオリーブ油はこの両者の中間にあると言えるでしょう。

この表に見るように、それぞれの油脂に含まれる主要な脂肪酸の融点を見ると、どの油が人間の体温（36℃）でサラサラになりやすい油かは容易に想像することが出来るでしょう。そのためにもバランスの良い摂取が求められているのです。肉を食べ過ぎて動物油脂の摂取が多くなるとコレステロールが増えて動脈硬化を起こしやすくなる仕組みがここにあるのです。

冬眠をする動物たちはこの脂肪酸の温度に対する反応に

うまく対応していることがわかっています。冬眠動物の体内にも飽和脂肪酸と不飽和脂肪酸が含まれていますが、融点の高い飽和脂肪酸は冬眠中の体温の低下で固まってしまいます。そこで冬眠に入る前に飽和脂肪酸の比率を下げて低温でも固まらない不飽和脂肪酸の比率を高めていることがわかっています。しかし不飽和脂肪酸が多くなると酸素による酸化が起こりやすくなります。それを防ぐために活用しているのがビタミンEです。酸化防止効果が強いビタミンEを体内に貯めて不飽和脂肪酸の酸化を予防しているのです。まるで動物たちの冬眠は、大豆の種子の中を覗いているようなものです。大豆も過半を占める不飽和脂肪酸を酸化から守るために抗酸化物質のビタミンEを種子の中に貯めて油脂の酸化を防いでいるのです。

大豆油の弱点とその改良

大豆油が他の植物油に対して強みとしているのは、構成している脂肪酸が人の体では合成できない必須脂肪酸のリノール酸とα-リノレン酸が多いところにあります。この脂肪酸は血中のコレステロール濃度を下げ、細胞組織の柔軟性を保つなど、私たちが健康な体を維持するためには欠かせない働きを持っているのです。本来コレステロールは細胞膜の構成成分として、「善玉」も「悪玉」も体に必要な成分です。しかし両者のバランスを保つことが大切なのです。リノール酸などにはそのバランスを保つ働きがあり、強みとされています。

そして同時にこのリノール酸とα-リノレン酸が酸化反応を受けやすいところに大豆油の弱点があります。魚油や大豆油は体の中ではさらさらしていますが、これらの油脂でフライ調理など加熱加工して店先に長時間並べておくと、酸化を受けやすく、商品の見栄えの衰えが早くなる傾向にあります。このように大豆油などの多価不飽和脂肪酸の多い油で調理した食品は、店頭で長時間電灯の明かりに照らされ続けていると油脂の劣化が進み易いのです。私たちは大豆油の持つ長所と短所を充分に理解して有効に利用していく必要があります。

しかし近年になって、従来の大豆油が酸化安定性に弱いという弱点を克服した改良大豆油が登場しています。それはゲノム編集などによる大豆の品種改良によって作られた「高オレイン酸大豆」であり、これらの大豆から生まれる油脂にはオレイン酸が多く含まれているのです。ここで使われたゲノム編集技術による改良は自然交配によっても起きる変異だとして、一般の大豆油と区別することなく現在すでに利用されています。

これらは従来の大豆に含まれる油脂の脂肪酸組成を変更したもので、それまでの大豆油に約55％含まれていたリノール酸を8％程度に減らし、酸化安定性に優れたオレイン酸が、従来品種は23％だったのを75％程度に増やしているのです。オレイン酸75％油脂と言えば、ほぼオリーブ油と同じレベルの酸化安定性を保っていることになります。このように植物油脂の脂肪酸組成を品種改良で高オレイン酸油脂に変えているのは大豆油の他にも、ハイオレヒマワリ油やハイオレカノーラ油（なたね油）などがあり、これらはすでに店頭に並んでいます。

従来は、調理食品の賞味期限を長くするためには、飽和脂肪酸含量の多い熱帯油脂などが使われていましたが、これら高オレイン酸大豆油を使うことによって、飽和脂肪酸が少なく、しかも酸化安定性の優れた加工食品を作ることが可能となっているのです。

脂肪酸バランスについて

過去の実績を基準にして、私たちの体が比較的に安定する脂肪酸バランスは、飽和脂肪酸：一価不飽和脂肪酸：多価不飽和脂肪酸の比率を3：4：3に保つことが望ましいとされてきました。しかし現在のバランスは3・3：4・2：2・4（二〇一九年、国民健康・栄養調査）と近年になって大きくそのバランスを崩しています。つまり大豆油や魚油のような多価不飽和脂肪酸の摂取が減少して、動物油脂や熱帯油脂などに多く含まれる飽和脂肪酸が増えているのです。

これらは、私たちの食事内容が、肉食が多くなって洋風化したことによるとされています。そして、近年における日本人の魚離れは、さらにその傾向を強めており、年間の一人当たりの魚介類摂取量は二〇〇一年に40・2kgであったが、二〇二〇年には23・4kgとほぼ半分にまで減っているのです。こうして魚の消費量は平成23年以降、肉の消費量を下回っており、その差はさらに拡大するばかりとなっています。このことが体内の脂肪酸バランスを崩しているのです。これら魚油の摂取量低下による体内の多価不飽和脂肪酸の不足を補うためにも大豆油の利用がさらに求められていると言えます。

また、油調理済み食品の賞味期間を長く保つために、酸化安定性の強い飽和脂肪酸が含まれるパーム油が、近年になって多く使われるようになっています。二〇二一年度の国内の油脂消費量は多価不飽和脂肪酸の多い大豆油が47・1万トンに対して熱帯油脂のパーム油が63・8万トン（日本植物油協会）と近年になって、その消費量をさらに伸ばしているのです。

このように食生活の変化が多価不飽和脂肪酸の摂取量を減らし、飽和脂肪酸が多い脂肪酸バランスになっているのです。そして、このことによって脳梗塞、動脈硬化などの循環器系疾患が増えているとの指摘もあります。これら摂取する脂肪酸のバランスについては、私たち消費者自身が自分の健康を守るためにも、気を付けておかなければならないことでしょう。

さらにこの多価不飽和脂肪酸の摂り方にも、オメガ3脂肪酸とオメガ6脂肪酸との比率についてはいくつかの見方があります。オメガ3脂肪酸とオメガ6脂肪酸は共に多価不飽和脂肪酸として、また必須脂肪酸として両者共に多くの重要な働きをしていますが、オメガ3脂肪酸とオメガ6脂肪酸の比率は1：2が望ましいとする意見から、1：10でも良いとする意見まで幅広く分かれています。

二〇一六年度国民健康・栄養調査によると、50歳男性のこの両者の摂取比率は1：4・9に、女性は1：4・7とおおむね1：5の状態になっています。このバランスについて指摘する意見もありますが、現状はほぼ安定したバランスに収まっているとされています。

油脂のおいしさについて

人間の味に対する嗜好は、基本的には体に不足した栄養分に対する要求であり、体の栄養分を一定に保つシステムの働きである、とされています。油には、甘味、辛味、塩味などの味というものはありません。純粋な油脂は人間にとって無味無臭であり、舌に旨味を直接感じることはありません。しかし、食品に油脂が含まれていると、とたんに美味しく感じるようになります。霜降りの肉、脂の乗った旬の魚、クッキーやシュウクリームなど、私たちが美味しいと感じている食べ物には油脂が多く含まれています。「脂」という字には旨(うまい)という字が埋め込まれています。昔の人たちも油脂にうま味を感じていたことが想像されます。

ネズミを使った試験などによって、油脂の味わいは従来の味の範疇に含まれない刺激であることがわかってきています。舌の先端で感じる味ではなく、油脂の刺激は舌の奥にある神経が脳に伝えることによって起こっているようです。脳は送られてきた油脂の信号と、油脂には高いエネルギーがあるとの情報をつき合わせて、油脂を好ましく思うという報酬作用を発すると考えられています。油脂に対する嗜好性は長期間の動物試験でも低下せず、むしろ嗜好性が強まっていく傾向が観察されているのです。マヨネーズにこだわるマヨラーが生まれる仕組みがこのあたりにありそうです。

この油脂に対する嗜好性が、だしの旨味のグルタミン酸にも連動しているという興味ある研究もあります。油脂を構成している脂肪酸にも、旨味の素であるグルタミン酸にも同じカルボキシル基という反応基がついています。小腸の細胞はこの二つのカルボキシル基に対して同じ物質として認識しているようなのです。だから日本人がだしに旨味を感じて満足をしているのと、欧米人が動物油脂に旨味を感じるのは似ているのかもしれません。舌では違う味に感じても、だしの旨味の代わりを油脂が十分に果たしている可能性があるというのです。これらは環境による影響が進化の過程で味覚細胞の働きに違いが出てきたのかも知れませんね。魚の豊富な海岸に住んでいる人たちと、長い間狩猟生活で動物肉を食べていた人たちでは、旨味の感じ方が形を替えているのでしょうか。
まさに、油脂のおいしさとは口の中だけでなく内臓・代謝系を総動員した総合的な味覚判断でもあるようです。

さらにこんな研究も示されています。食品の中に油が含まれていると旨味が強く感じられますが、それは舌に味蕾という味を感じる細胞があるからです。そこには苦み、塩味、甘味、うま味、酸味という5種類の味を感知する細胞が含まれていますが、そこにはさらに油の味を感じるもう一つのセンサーがあるというのです。このセンサーは油に触れると刺激されて苦み、塩味、甘味、うま味のセンサーを活性化するというのです。だから同じ調味料で味付けしても、そこに油が加わるかどうかで調味料の感じ方の強さが変わってきて、油が加わっていれば調味料の味が強調されるというのです。

さらに油が加わることで苦み成分が含まれていても和らいで感じるようにもなります。苦みのある食材を口に入れる前に油を口に入れておくと、その次に入った苦みの味は和らいで感じられるのです。それは苦み成分の多くが油溶性であり、口の中で苦み成分が油に取り込まれてしまい、味蕾に届かなくなるからとされています。しかし、うま味や塩味の成分は油に溶けにくいので口に入れた油によっての影響はあまり受けないのです。このように油が刺激を和らげることが出来るのは、苦みの他に酸味や臭みが挙げられます。

「脂肪」、「砂糖」と「だしの風味」は人間や動物にとって普遍的においしいと感じることは、実験動物の執着行動からも観察されています。これらを摂取することによって三大栄養素を得られたという報酬反応があるからです。これらはまさに生命維持のために、動物の食行動に組み込まれたシステムであろうと思われます。生物の進化の過程で、これらに対しておいしさを感じなかった動物がいたかもしれないが、おそらくそのような動物は生き延びることが出来なかったのではないでしょうか。高エネルギーの油脂に対してだけ舌を介しない、脳が直接関与する執着行動を組み込んでおく、このメカニズムこそ生物が現代まで生き延びる究極のシステムであったのではないでしょうか。

油脂はモルヒネか

油脂はエネルギー源としてだけではなく、細胞や神経などの構成成分であり、取り入れておかなければならない必須の成分なのです。だから他の栄養素とは若干違ったシステムで油脂を〝おいしさ〟として感じさせているのかも知れません。さらに踏み込んで、体が必要とするエネルギーが十分に足りているのに、なぜ油を含んだ食べ物を欲しがるのか、について触れておきます。

私たちの周囲には、肥満で悩んでいる方たちを見かけることがあります。肥満はいろいろな生活習慣病につながっていく大きな原因とされています。肥満の原因にはいくつか考えられますが、過剰なカロリー摂取はその中でも大きな要因で、油脂と糖分の摂りすぎは真っ先に槍玉に挙げられるところです。

しかし、私たちはなぜかケーキ、アイスクリーム、チョコレートなど油脂と糖分を組み合わせた食べ物には目がありません。これらに対しては、別腹として満腹でも食べられる不思議さがあります。その結果として、肥満につながり、いろいろな健康障害を引き寄せてしまうことになっているのです。それは食べる量をコントロールしない本人の責任だ、意思が弱いからだとされていたのですが、どうもそんな単純なものではないようです。私たちの体が必要としているエネルギー以上にカロリーの多い油脂と糖分を食べ続ける背景に意外な現代の姿が浮かんできているのです。

現代はストレス社会と言われ、私たちは毎日いろいろなストレスに襲われています。このストレスと油脂を摂りつづけることの間に関係が浮かび上がってきているのです。

「ランナーズハイ」という言葉を聞いたことがあるでしょう。マラソンランナーが長距離を走っている間に血漿中にオピオイドペプチドの一種であるβ-エンドルフィンが高まってきて、一種の快感を覚えるというものです。オリンピックのマラソンで優勝をした高橋尚子選手が42㎞走った直後に、楽しそうにレースを振り返っている姿を覚えているでしょうか。マラソンランナーはオピオイドペプチドが分泌することによって長距離を走るという苦痛から逃れることが出来るのです。オピオイドペプチドとはモルヒネ様の作用を示すペプチドの総称で、体の中に分泌される所が数ヵ所あります。このオピオイドペプチドの働きは一種の鎮痛作用であり、痛みの伝達を抑制しているのです。この働きで私たちは日常的なストレスから身を守っており、〝脳が作るアヘン〟とも言われています。

動物実験から油脂にもこれに似た働きがあることがわかってきました。ネズミにストレスを与え続けると、そのネズミは油脂と甘味を欲しがるようになるのです。また、油脂と甘味を与えておくと長時間のストレスに耐えられるようになるという実験結果もあります。この実験はヒトでも確かめられています。これによってヒトは甘くて脂肪分に富んだ食べ物を摂ると心地よさ、満足感、喜びを感じ、イヤなことから遠ざかることが出来るために、好んでこのようなものを食べようとするのだそうです。油脂そのものがオピオイドペプチドのような働きをしている可能性を示すデータもあります。このあたりに、満腹の後でもケーキに手が出る仕組みが働いているようです。その意味では、油脂には私たちが予想もしていない不思議な働きが隠されているようです。

現代社会では、いろいろな形で各個人にストレスが襲いかかって来ています。そのストレスに耐えるためにケーキやスナック菓子など油脂の多い食品に手が伸び、それを食べることによってストレスから自分の身を守っているのではないでしょうか。そしてこのような行為が、私たちの体に組み込まれている危機回避のシステムと合致して働き続けているのではないだろうか。いつか遭遇することになるかもしれない、食べものにありつけない時の為に、カロリー源を進んで取り入れていた進化の仕組みが、このような機能にむすびついているのではないでしょうか。油脂という高エネルギー食品に対する反応の不思議さにあらためて驚かされます。

油脂を摂ると肥満になるの？

ダイエットのために油の摂取を減らすようにとテレビやネットで流れているのをよく見ます。もちろん油を摂り過ぎると肥満になることは否定しませんが、そんな単純な仕組みでもないのです。そもそも私たちはどの程度油を摂取しているのでしょうか。厚生労働省が発表した平成24年度国民健康・栄養調査によると、私たちは1日の摂取エネルギーの27％を油脂から取り入れているのです。油脂はエネルギー発生量も多いとのイメージもあるので、この数字にアレ、と思われたのではないでしょうか。

私たちが実際に摂取しているエネルギーは、実は糖質からが60％近くと最も多く摂っているのです。そしてこの糖質と脂質が体内に吸収されてエネルギーとして活用され、使い切れなかった余分なエネルギーが体脂肪として蓄積されるのです。だから体内に蓄積される脂肪量の約6割は炭水化物（糖質）によるものなのです。そのことを念頭に入れておいて体内に脂肪細胞が増えていくメカニズムを見てみましょう。

体内では余分な脂肪や糖質は再合成されて、中性脂肪として脂肪組織の中に蓄積されていきます。そして余分な中性脂肪はまず、皮下脂肪の組織に蓄積されます。皮下脂肪とは皮膚を指でつまんでわかる脂肪組織であり、体のエネルギーとして使われる他にも体温を逃がさない断熱材としての役割や外部からの衝撃を和らげるクッションの働きをしてくれています。しかし、そこが脂肪で満杯になって入りきれなかった余分な脂肪は内臓組織に貯まり始めます。内臓脂肪は、お腹の内部に溜まるもので内臓の周辺に脂肪組織が生まれてきます。さらにここでも収まりきらない過剰な脂肪は肝臓や筋肉などいろいろな組織に入り込みます。

本来の脂肪組織が集まる場所でないところに溜まっていくことを異所性脂肪といい、このような状態になると健康を損なう危険性が起こってきます。こうして貯められた脂肪はじっとそこに留まるのではなく、絶えず分解されながらエネルギー源として利用され、使いきれなかった脂肪は再びここに蓄積されているのです。その他にも褐色脂肪細胞と呼ばれる組織もあります。この脂肪組織も蓄積されている中性脂肪をエネルギーに変換していく働きをしますが、ある年齢を過ぎると褐色脂肪細胞は衰退してしまうために、体内の脂肪がなかなか減っていかないという現象につながっているのです。

実はこれらの脂肪細胞は、いろいろなメッセージ物質を、体内のそれぞれの臓器に向かって発信していることが最近の研究で明かにされています。そのひとつが食欲を抑えるメッセージ物質レプチンです。体内に脂肪組織がある程度蓄積すると、レプチンという情報物質を出して脳に満腹になったというシグナルを送っているのです。そしてこの脂肪細胞から発信されたメッセージを受けて、脳からは食欲を抑えるように指令を発するのです。しかし脂肪細胞が異常に増えすぎると脂肪細胞から出される情報発信に乱れが生じ、レプチンの働きが弱まり、メッセージの乱れから免疫細胞の暴走が起こるなどの混乱が生じることが知られています。その結果として花粉症や喘息、アレルギー性疾患などが発生することが指摘されており、パーキンソン病、うつ病、動脈硬化、自己免疫疾患、癌などへの引き金を引く危険性が高まるとされています。これが肥満がもたらす弊害なのです。

また脂肪細胞からはアディポネクチンという血管の柔軟さを保つ物質も出ており、肥満はこの働きも阻害してしまいます。まさに私たちの脂肪組織は体の一つの臓器として全身の健康に大きな影響を及ぼしているのです。しかし、過度に脂肪細胞を肥大化させてしまうと本来の機能が果たせなくなり体に間違ったシグナルを発してしまうようになるのです。

脂肪の分解と吸収

我々が食べ物として取り込んだ油脂は小腸で吸収されて体内に入っていきますが、体内に吸収されるために油脂はまず脂肪酸とグリセリンに分解されます。これらの分解物は体内で再合成されて再び中性脂肪になりますが、そこにはもう大豆油やオリーブ油といった油脂のラベルはなく、単に中性脂肪として体内の循環システムに乗って運ばれていく物質にすぎないのです。だから大豆油など油脂にラベルがついているのは、小腸から体内に吸収されるまでの食道器官を通っている時までということになります。

こうして油脂は小腸から体内に入って再び中性脂肪に合成されますが、ここからは2つのルートに分かれて機能します。第一のルートとして、再合成された中性脂肪は小腸から肝臓組織へ向かいます。それは、中性脂肪の形では血液の中に入れないので、肝臓でタンパク質と結合した形で血液の中に入ります。こうして全身を巡りながら筋肉などの必要な所へ中性脂肪を運んでいきエネルギー源として、またホルモン物質の材料として、さらには体組織の素材として活用されていきます。もう一つのルートは肝臓を介さずにリンパ管に入るものです。その時にも小腸でタンパク質と合体して「カイロミクロン」という物質に合成されてからリンパ管へ入って全身を巡り始めます。

私たちの体の脂肪組織の主原料は糖質ですから、糖質の吸収と蓄積についても見てみましょう。糖質はアミラーゼという酵素で分解されて小腸から体内に入り込みます。取り込まれた糖分は肝臓を経由して血液中に入り込んで血糖として血管内を循環します。血糖は脳の神経細胞や筋肉など、体のいろいろな組織でエネルギーとして使われますが、使いきれなかった余分な血糖は最終的には、脂肪細胞において中性脂肪の形で蓄えられるようになります。グルコースは肝臓や筋肉でグリコーゲンという貯蔵型の糖質として蓄えられますがその量には限界があり､それを超えた糖質は中性脂肪に変えられて脂肪組織に蓄積されます。この時に膵臓から分泌されるインスリンの働きが必要になります。そのために糖分を多く摂取しているとインスリンが多く消費されてしまい、膵臓が疲弊して糖尿病になってしまうのです。

このように我々がエネルギーを消費しない状態で糖分や脂肪を摂取していると、体内では脂肪細胞として溜め込み始め、それがある限度を超えるようになるといろいろな体調不良のきっかけとなっていくのです。せめて皮下脂肪か若干の内臓脂肪の程度に収めておくように心がける必要がありますね。

3　大豆の近代史

ここからは大豆がどのような足どりをたどりながら現在の姿になったのかを見てみたいと思います。

3.1　大豆発展の起点、満洲について

古代から文字が発達していた中国には、大豆に関係する記述が多く残されており、そこには中国の中でも古代に大豆がもっとも多く栽培されていたのが中国東北部の、かつては満州と呼ばれていた地域だったとされています（図3）。現在は満州という地名は存在していませんが、日本が第二次世界大戦に敗れるまでの歴史の一コマとして、世界に大豆を大きく羽ばたかせた満洲国があったのです。そして日本の近代大豆搾油産業もこの満州での大豆事業の貢献がなければ現在のような健全な姿は期待できなかったことでしょう。

日本が一九〇四年に大国ロシアと戦って獲得した、満州の鉄道事業を中心として設立したのが南満州鉄道株式会社（満鉄）であり、この満鉄によって我が国の大豆産業は大きく飛躍することになるのです。

日本の平安・鎌倉時代にあたる中国、「宋」の時代には、すでに満州では大豆油の生産が行われていたと

図３　満州国

の記録があります。日本の江戸時代にあたる「清朝」の時代になると、大豆栽培が満洲をはじめとして、中国全土に広く普及しており、大豆油が食用油として使われるようになります。一方、その搾り粕である脱脂大豆は肥料として周辺の農家で使われるようになります。一七七〇年代にはこれら搾油残渣の「豆粕」が上海周辺の農家で金肥として用いられるようになり、中国国内で大豆粕が盛んに取引されるようになっていきます。

中国には穀物の栽培が盛んな江南地方と、北部を結ぶ「大運河」が古代「隋」の時代に作られていました。この運河を使って南部から長江の北にある大都市へと穀物などが運ばれてきますが、その帰り舟に南に向かって運ぶ適当な荷物がありませんでした。そこに中国東北部で生産された大豆粕は、農業用肥料として江南の農地へ運ぶ格好の荷物になったのです。このように肥料としての大豆粕の利用は、我が国で魚肥を使い始めた頃と比べても約200年先行しスタートしていました。さらに上海周辺で木綿の生産が行われるようになると、その原料となる綿の栽培が盛んになり、その肥料としての大豆粕が重宝されるようになります。また華南地方や台湾でサトウキビの栽培が始まると、高価な砂糖を作るサトウキビの肥料としての大豆粕の役割はさらに大きくなっていきます。当時の砂糖は貴重品だったのでサトウキビの栽培は急速に拡大していき、大豆粕が肥料として活発に利用されるようになります。このようにして、満州では大豆関連商品の取引が早くから始まり、特に搾油することにより得られる大豆粕は重要な産業資源となっていったのです。

満州とはどんなところか

かつて満洲と呼ばれていた地域は現在の中国東北部にあたり、北は黒龍江をはさんでロシアと接し、東は鴨緑江を境にして北朝鮮と接する地域一帯を指していました。

この地がなぜ満州と呼ばれるようになったのか、それはかつてここに満州族と呼ばれる民族が住んでいた土地だったからです。この地はその昔「樹海」と呼ぶにふさわしい鬱蒼とした大森林でおおわれていた地域であり、虎や豹、熊などが生息している土地であったようです。そしてこの地には古代から漢民族だけでなく朝鮮系、モンゴル系などいくつかの民族が入り乱れて住んでいました。

ここに住む満州族は、元々は女真族と呼ばれていました。この女真族は一〇一九年には船団を組んで日本の九州北部に攻め込んできています。これを「刀伊（とい）の入寇」と言っており、我々にとってかけ離れた遠い国でもなかったのです。この地方に住んでいたツングース系民族が女真人の太祖ヌルハチによって統一され、勢力を増していくようになります。そして一六三四年にヌルハチは、自分たちの民族名を満州族と改称してこの地に住んだのです。当時、この地方には文殊菩薩信仰が広まっており、その「文殊」から「満住」に転音されて「満州」になったとされています。

彼らは長い歴史の中で、中国本土の漢民族との間で攻防を繰り返すことになります。そしてこの地には、「魏」から三国時代になると狛族が打ち立てた「夫余」国が起こり、さらには「高句麗」などへと変遷が続きます。日本の平安時代になる九一六年には渤海を滅ぼして契丹（きったん）が建国します。このようにツングース系民族、モンゴル民族、朝鮮系民族などが興亡を繰り返す変遷の激しい地域だったのです。

中国の「北宋」時代になると彼らは中国本土に攻め込み、漢王朝を追い出して中国の北半分に「金国」を建国（一一二六）して、南に逃げた南宋と中国の国土を二分していたこともありました。さらに日本の江戸時代になると明王朝を滅ぼして自分たち満州族が支配する「清王朝」（一六一六～一九一二）を打ち建て、満州地域と中国内地全体が満州族の支配下に入ることになるのです。

こうして中国本土に自分たちの清朝を打ち立てると、満州の地に住んでいた満州族たちが大挙して中国本土へ移っていったので、この満州の地が空洞化してしまいます。しかし自分たちの祖国である地が過疎になることを危惧して、清王朝はここに漢人を移住させて空洞化を埋めようとしました。しかしその開墾策も一六六八年には中止し、逆にこの地を清王朝生い立ちの地として崇めることにし、一七四〇年以降は漢民族も移入することを禁じ、ここに入っていた移民たちは清国に移住させられたために、この地は再び空白の地となってしまいます。こうして清国は満州地域を特別扱いすることになります。
そして、奉天、吉林、黒竜江の三省を「東三省」と呼び、そこに奉天府を置いて直接統治して、漢族の流入を禁止します。そのためにこの地は自然がそのままに保存され、土地の開発が禁止されるとともに、満州という名前を直接呼ぶことさえも許さなかったようですが、この地を訪れた外国人たちは漠然と満洲族の出身地のあたりを指して「マンチュリア」とか「満洲」と呼んでいたのです。

ロシアの満州への南下政策

しかし、このころからこの地に対してロシアの南下が始まり、ロシアと清朝の間で国境を巡る紛争が頻発するようになります。そこで両国の間では一六八九年に国境を決める条約を結び、国際的にも満州全域が正式に清国の国土と定められます。しかしその後もロシアの進出を抑えきれずに、外満州と呼ばれる地域はロシアに割譲されることになります。

清朝はこのロシアの侵入を阻止するために、ここで漢族の満州への移住を認めることになります。そして彼らに農地開発を進めることを奨励したことによって、しだいに荒野が農地に変わっていきます。当初は、この地で耕作することが出来たのは奉天を中心とした南満地域だけでした。しかし清朝も後半になると規制もだんだん緩んでいき、開拓地は北へと広がっていきます。

そしてこの政策も19世紀前半には形骸化し、満州の地にいろいろな民族が流入してきたために、その人たちにも土地の所有が部分的に解放され、住民も増大していきます。このように清朝がこの地に漢民族を移住させるようになったのは、北に隣接するロシアに対する警戒の表れでもあったのです。

日清戦争と日本の進出

一八九四年（明治27年）三月になると朝鮮半島で重税に苦しむ農民たちによる反乱が起こります。朝鮮では、官僚たちによる賄賂や米価の高騰などに不満を持つ農民が立ち上がり、「甲午農民戦争」と呼ばれる暴動が始まりました。農民軍は各地で政府軍を打ち破り、五月末には全州を占領します。農民軍の入京を恐れた朝鮮政府は、自力での鎮圧が不可能と判断をして、それまでの宗主国である清国に応援を求めたのです。これに応じた清国側の派兵の動きを見た日本政府も、清国との間で取り交わしている天津条約に基づいて日本人居留民保護を名目にした兵力派遣を決定します。こうして一八九四年八月、日本は清に対して宣戦布告し、日清両国は朝鮮政府の内政改革を巡って「日清戦争」（一八九四～九五）が勃発することになります。

日清戦争では、まず黄海の海洋沖の戦いで始まりますが、「豊島沖海戦」、「黄海海戦」のいずれも日本軍が大勝し、日本陸軍は清国陸軍を撃破しつつ朝鮮半島と遼東半島を制圧します。日本海軍はさらに旅順港と威海衛を攻略して日本陸軍が中国本土へ自由に上陸出来るようになったことで、清国の首都北京と天津は無防衛の状態となり、ここで清国は降伏することになります。

清国は日本に講和を持ち掛けて、一八九五年四月に下関の春帆楼で「日清講和条約」が結ばれ、中国の領土割譲や賠償金の支払が約束され、日本国内はこれに沸き返ります。この講和条約の中で、清国は日本の国家予算の4年分にあたる多額の賠償金のほかに遼東半島、台湾、澎湖諸島の領土割譲と朝鮮の独立などを約束します。

そして、この敗戦によって中国は日本に対して大きく窓口を緩めることになり、日本の大陸ビジネスを活気づかせるきっかけになるのです。しかし日本が清国に勝利したことは欧米諸国に強い衝撃を与えることになります。植民地政策を推し進めていた欧州各国は、一気に中国の分割に乗り出すことになります。その流れのなかでロシアは、欧州で対立しているドイツやフランスに声をかけて、日本が日清戦争で獲得した遼東半島の返還を一緒に迫ってきます。こうしてロシア帝国は日本が日清戦争の勝利で得た、治外法権などの権利を三国干渉によって譲歩を迫り、その見返りとしてロシアは秘密裏に清国に対して満州北部にロシアの鉄道敷設権を認めさせます。まだ明治新政府になったばかりの日本はこの三国干渉を跳ね返すことが出来ず、これを受け容れることになります。これに国民の不満と、ロシアへの対抗心が一気に高まり、大規模な軍備拡張が進められていきます。さらにロシアは清国に対して一八九八年には旅順、大連の租借を認めさせ、ここにハルピンからの鉄道支線を伸ばしてほぼ満州全土を実効支配する状態になります。こうしたロシアの南下政策に日本の国内ではロシアに対する緊張感が充満していきます。

一方、清国ではイギリス・フランス連合軍との間で繰り広げられたアロー号戦争（一八五六―一八六〇）に破れ、その後に締結した不平等条約とされる「天津条約」により、一八六一年には牛荘（営口）が開港され、外国商社による大豆の取引が徐々に活発になっていきます。しかし、イギリスをはじめとする欧米の商社に許されたのは、大豆製品を華南地域へ運輸・販売する範囲の事業でしかなかったのです。

そして、一八九五年になると日本への大豆の輸出量は次第に増加していきます。翌年には清朝が大豆の外国への輸出を解禁したことにより、満洲大豆は香港、東南アジア、そして日本に輸出されるようになります。

これら大国の覇権争いの中でロシアは独自の南下政策を展開してシベリア鉄道を建設して旅順、大連を手に入れると共に日本海に面するウラジオストックまで鉄道を伸ばしてきて日本の目の前に迫ってきます。日本国内では将来的に日本の独立を脅かされるのではないかとの不安がたかまり、軍備力を増強するとともに朝鮮を独立させることによって日本国を守ろうと考えます。

清国の分割統治への反発と緊張

清国では日本に支払う日清戦争での賠償金を自国では調達できず、イギリス、ドイツ、フランス、ロシアから多額の借り入れをすることになります。そしてその見返りとして、これら列強からの租借地要求を受け入れざるを得なかったのです。こうしてロシアの満州租借だけでなく、ドイツは青島を租借し、フランスは広州湾を、イギリスは香港を割譲していきます。このような外国による分割統治に対して国内では反発が起こり、一九〇〇年に宗教団体の「義和団」による外国人排斥運動が起こることになります。

こうして清国は日清戦争の敗戦による賠償金の借入により、北京など一部の都市に外国軍の駐留などを認めますが、外国軍の中には認められた地域以外にも兵を駐留させる国も出てきます。義和団は「扶清滅洋」(清国を助け西洋を滅ぼす）を旗印に外国人やキリスト教会を襲撃する排外運動を展開します。これに対して日本など8ヵ国は連合軍を結成して対抗する、いわゆる「北清事変」が起こります。

この紛争も連合国側の勝利で決着しますが、紛争終結後もロシアは満州からの軍の撤退を行わずそのまま留まってしまいます。ロシアは旅順、大連にある不凍港を手放したくなかったので、鉄道の防衛を口実に満州を軍事占領し、さらに朝鮮国内での鉱山の発掘や森林伐採権までも獲得してしまいます。一方、朝鮮王宮は日清戦争で清国が日本に敗れたことからロシアに接近するようになっていたので、ロシアの南下政策はさらに進み、朝鮮半島にも深く入り込むようになります。これら日本の目の前で起こるロシアの南下政策に対して日本国内では強い危機感を持つようになり、このことが「日露戦争」へのきっかけになっていきます。

一九〇二年になると満州にいたロシア軍が国境を越えて朝鮮半島にロシアの軍事施設を作る動きを始めます。それに対して我が国ではロシアに対する警戒感がますます高まっていきます。これらロシアの朝鮮半島での軍事行動に対して日本は強く抗議しますが、ロシアは全く無視します。このようにロシアが日本の要求に従わないのは、日本との軍事衝突を全く恐れていないことによるものでした。当時のロシアの軍事参謀であったクロパトキンは、日本との戦争を「軍隊を連れて散歩するようなものだ」としており、日本はロシアの敵ではないと見ていたのです。当時の両国間の戦力差は圧倒的にロシアが優勢でした。

国内でロシアとの戦争不可避の機運が高まる中、一九〇四年二月三日に中国の山東省駐在の日本領事武官から「旅順港のロシア艦隊は修理中の一艘を除いて他の船はすべて出航、行方は不明」との電文が日本政府にもたらされます。緊迫感を持ってロシアの動きを注視していた日本では直ちに御前会議が開かれ、そこでロシアとの開戦が決定されます。この時のロシアの艦隊は、本当はどこへ行ったのかはその後も明らかになっていません。しかし日本の軍部ではロシア艦隊は日本の呉港などへの攻撃に出たと判断しての行動だったようです。こうして日本が「日露戦争」に踏み切ったのが一九〇四年二月八日でした。

3.2 満州を舞台に日露戦争が始まる

ロシアとの闘いの最初に日本連合艦隊がまず展開したのが、旅順港閉塞作戦でした。朝鮮半島と旅順にいるロシア艦隊に対して奇襲攻撃をかけた戦いによって、ロシア軍艦2艘を撃沈して日本軍は2千名の兵士を朝鮮半島に上陸させることに成功します。次に展開したのが朝鮮と満州との国境にある河を渡る「鴨緑江渡河作戦」でした。対岸にロシア兵が控えている状態で、日本の工兵隊が一日のうちで230mの橋を完成させて4万2千人の日本兵を数時間で全員渡河させたのです。これに対して対岸にいたロシア軍は、自らの陣地を捨てて退却したのを欧米のメディアは大きく報道したのです。それまでは極東の小国日本が大国ロシアには勝てる訳はないと見られていたのが、この初戦での作戦成功で大きく評価が変わることになります。

もともと我が国には戦国時代から敵陣近くで、一晩で城を築いたり、橋をかけていた歴史があったので、このような作戦は日本軍にとっては当然だったのかも知れません。

しかし、この作戦の成功は単に欧米メディアの評価を変えただけには止まらず、日本が必要としていた戦費調達にも有利に働くようになります。我が国ではこの戦いに必要な戦費は15億円と予想していましたが、それだけの資金は明治政府にはなく、その8割は海外からの調達に頼らざるを得なかったのです。そしてその任に当たったのは日銀副総裁の高橋是清でしたが、その交渉に対して当初は欧米諸国からは全く相手にされませんでした。ロシアを相手にした戦いでは日本が勝てるはずはないと思われていたので話に乗ってくれる国がなく、資金調達が難航していました。しかしこの「鴨緑江渡河作戦」の成功以降によって欧米の見方が変わり、8億円の資金調達に成功するのです。

日本は日露戦争を有利に展開しながら、水面下でアメリカのルーズベルト大統領に停戦仲介を依頼します。日本側でその任に当たったのが、ルーズベルトとハーバード大学の同窓生である金子堅太郎でした。ルーズベルト大統領は金子からの申し出を受け入れて、日露の講和仲介を引き受けることになります。当初から日本には戦いが長引けば日本にとっては不利になるとの思いがあったようです。ルーズベルト大統領からは、日ロ交渉を少しでも有利に進めるためにはロシア領土へ少しでも踏み込んで占領しておく方がいい、とのアドバイスもあったとされており、日本軍は「樺太上陸作戦」への展開もこの日露戦争の中に組み入れて兵をすすめていきます。

極東の小国日本が大国ロシアを相手に繰り広げた日露戦争では、旅順総攻撃、さらには二〇三高地の攻防によってロシアの旅順艦隊は全滅し、ロシア軍は戦意を喪失し、日本軍の司令官乃木希典と、ロシア軍司令官ステッセルの間で「水師営の会見」が行われることになります。その後の陸上戦最後となる奉天会戦でも日本軍が勝利して、最後のバルチック艦隊との「日本海海戦」が行われることになります。

北欧バルト海のリバウ港にいたロシア軍、約40艘からなるバルチック艦隊が日本に向けて出港します。この艦隊は当時、世界最強と言われており日本国内に緊張が張り詰めます。しかし当時の艦隊は長い航海での燃料である石炭などを逐次補給していかなければならず、次々と寄港していかなければなりませんが、当時イギリスと結んでいた日英同盟の影響によってロシア艦隊はイギリス、スペイン、ポルトガルの支配下にある国の港には入れず、バルチック艦隊にとって水や石炭の補給、さらには船の整備などもままならないまま、日本までの約7ヵ月の長い航行となります。そして日本海に現れたバルチック艦隊と戦った海戦は、皆さんも知っているように日本海戦史に残る圧勝でロシア艦隊を破ることになります。

ポーツマス条約の締結

アメリカのルーズベルト大統領による調停によってロシアとの戦いに幕を下ろし、講和会議が始まります。日本は全権大使として当初伊藤博文が指名されましたが、伊藤はこれを頑強に拒絶しています。それはこのロシアとの交渉が、うまくいくとは考えられなかったからだと言われています。日本はロシアと戦っていますが、それらは満州という清の国の領土内でのことであり、ロシアの地には一歩も攻め込んでいなかったからです。結局、外相の小村寿太郎が全権を負って出席しますが、交渉は思うように進展せずに難航します。日本はこの戦争で多くの戦死者を出しているうえに使った戦費も国家予算の4、5年分にあたり、その多くを海外からの借り入れで賄ってきていたので、ある程度の賠償金を期待していましたが、これら賠償金が得られる可能性が低かったのです。

ルーズベルト大統領がこの講和会議の仲介の労を取ってくれたのは、アメリカにとってもこの仲介がアジアへの進出のきっかけになることを期待していたからだとも言われています。

そしてロシアとの間で苦難の交渉が始まりますが、最終的な交渉の結果としてのポーツマス条約では、ロシアとの間で次のような合意に達します。

(1)　朝鮮に対する日本の支配権をロシアが承認する
(2)　満州からロシア軍の撤退（日本軍も撤退する）
(3)　遼東半島の租借権とロシアが建設した鉄道の譲渡
(4)　北緯50度以南の樺太の譲渡、沿海州カムチャッカ沿岸の漁業権を認める

しかし、賠償金については最後までロシアから取ることが出来ませんでした。ルーズベルト大統領はこの日露戦争の講和を斡旋した功績により、一九〇六年のノーベル平和賞を受けています。

これら一連の小村外相の努力も、日本国内では全く評価されませんでした。それは国民にとって日本が戦争で受けた犠牲に較べて、獲得した領土や権益があまりにも期待外れだったからでした。その不満が国内で高まって、ついには日比谷焼き討ち事件などの民衆の暴動となり、さらにはこの暴動は全国に広まっていきました。しかし、この戦いで日本は大国ロシアに勝ったことで世界の注目を浴びることになります。

小村寿太郎外相が日露講和条約を話し合っている時に、アメリカの鉄道王ハリマンから日本政府に対して、一億円の財政援助と満州での鉄道の共同経営を持ちかけられます。これには陰でルーズベルト大統領の指示があったとされています。桂内閣は当時の財政難からこれを受け入れて仮契約を結びます。しかしポーツマスから帰ってきた小村寿太郎がこれに激怒して猛反対します。日本が日露戦争によって勝ち得た戦果は唯一、

満州にあるロシアの持っていたシベリア鉄道の長春から旅順までの鉄道施設だけだったからです。小村は帰国後直ちに桂首相がアメリカのハリマンとの間で取り交わしていた鉄道の共同経営提案書を破棄させて満州鉄道の確保に固執します。

3.3　満鉄の設立

一九〇六年（明治39年）、次の西園寺首相は政府の要人たちをつれて直ちにロシアが持っていた鉄道の視察に行き、ここに資本金2億円（内1億円は政府出資）で「南満州鉄道株式会社」（満鉄）を設立します。こうして日本は長春から旅順口までの鉄道と、その支線全ての権利を手に入れ、ここに半官半民の会社を設立することになるのです。そしてこの満鉄の初代総裁には児玉源太郎が推挙する、当時の台湾総督府長官であった後藤新平を当てることになります。後藤は台湾政策で多くの成果を挙げていたことと、台湾統治の経験から満州行政について多くの提言を児玉にしていたことによるものでした。こうして我が国は満鉄を基盤にした国家財政の立て直しに立ち向かうことになるのです。

そして、この満鉄の事業を守るために現地に関東総督府がおかれますが、これが後の「関東軍」となって大きな影響力を発揮するようになるのです。一九一〇年になると関東軍は朝鮮を併合して朝鮮総督府を設置し、さらに満州に対しても武力を背景にした植民地政策を始めることになります。

一方、アメリカはこれを機会に中国大陸への進出を狙っていたので、アメリカの実業家エドワード・ハリマンの満州鉄道の共同経営に期待をしていたのですが、日本はこの申し出を断ってしまいます。アジア進出への足掛かりと期待していたルーズベルト大統領は期待を裏切られ、これをきっかけにして日米関係は冷めていくことになります。

満鉄による満州での事業展開

満鉄の総裁となった後藤新平は、それまでは日清戦争で清国から譲渡された台湾の立て直しに辣腕をふるって大きな成果を上げており、後藤の手腕による満鉄の順調な立ち上げに国民の期待が集まりました。

後藤新平が台湾で行った近代化政策は、それまでの力による強引な統治だけでなく、教育、生活環境の改善、産業振興など、多岐にわたる施策を前面に立てて押し進めたことによって、当時台湾に住んでいた漢人たちの日本に対する統治時代初期の反駁も和らいでいき、台湾の近代化に大きな成果を残すことが出来たのです。後藤新平が台湾で行った主な政策は、農作物の生産性向上、製糖業の育成と砂糖を主要輸出品へと育成、さらには上下水道・電気の整備、鉄道と港湾整備、台湾銀行の設立と通貨の統一、学校教育の整備などが挙げられます。

こうして日本政府の強い期待を背負った満鉄は、直ちに鉄道事業を開始するとともに、沿線地域での鉱山の開発や製鉄所の経営にも乗り出します。こうして満州の産業開発は天然資源の開発を中心に展開しますが、特に農畜、林産資源の開発は産業開発の根幹を成すものであるとの認識から、社内に農事行政機関を置き、事業展開を図っていきます。こうして農産資源の基礎調査、試験研究、農事改良増殖事業などに力を入れ、満州の農業開発を積極的に推進していったのです。

鉱山開発としては、撫順炭鉱などで露天掘りを始めたことによって採炭量が大幅に増加し、日本への石炭供給も安定するようになります。また都市開発などにも着手するとともに、さらにはホテル業、海運業、大連港経営も逐次拡大していきます。

しかし、これら日本の勢力拡大に対してロシア、イギリス、フランス、ドイツ、アメリカなどが危機感を持ったのですが、その中でも日本を最も警戒したのはアメリカでした。

こうして日露戦争後に設立された満鉄は日本の多くの国民の期待を背負って門出しますが、海外からの厳しい目と、内部に抱えた関東軍という熱い塊によって多難な前途となります。

4　国内で持ち上がった大豆粕の需要

明治新政府が樹立され、幕末に取り交わされた海外との不平等条約を改正すべく、明治新政府の要人たちが欧米を視察してきた結果、日本の近代化への取り組みに対する必要性を痛感することとなり、その一環として「富国強兵」の旗印のもと、食糧の増産に取り組んでいくことになります。そしてその対策のひとつとして農業用肥料の見直しが行われました。それまでの肥料は長年の経験として主に人糞や堆肥を利用していましたが、さらに肥料効率が高い魚肥へと切り替えていくことにしたのです。

ここで当時、多くの漁港で大量に獲れていたニシンやイワシなどが注目され、これらを原料とした魚粕を肥料にしようという計画になり、魚粕作りは、特に北海道を中心として各漁港で大きな産業となっていきました。

こうして農家が金を払って肥料を購入するという金肥が、我が国の農業に登場することになり、鰊粕や干鰯（ほしか）などの魚肥が我が国の主要な肥料となります。それらは、まず釜茹されたニシンやイワシを木の枠に入れて油を搾り、四角く固められた魚粕をほぐして一週間ほど天日干しにして乾燥させて作っていました。北海道ではこれらの魚肥の生産が大きな産業に育っていきます。そしてこれら魚肥は北海道から上る北前船によって西日本各地に運ばれて、国内の農家にいきわたるようになるのです（図４）。

図４　明治時代の魚肥製造風景

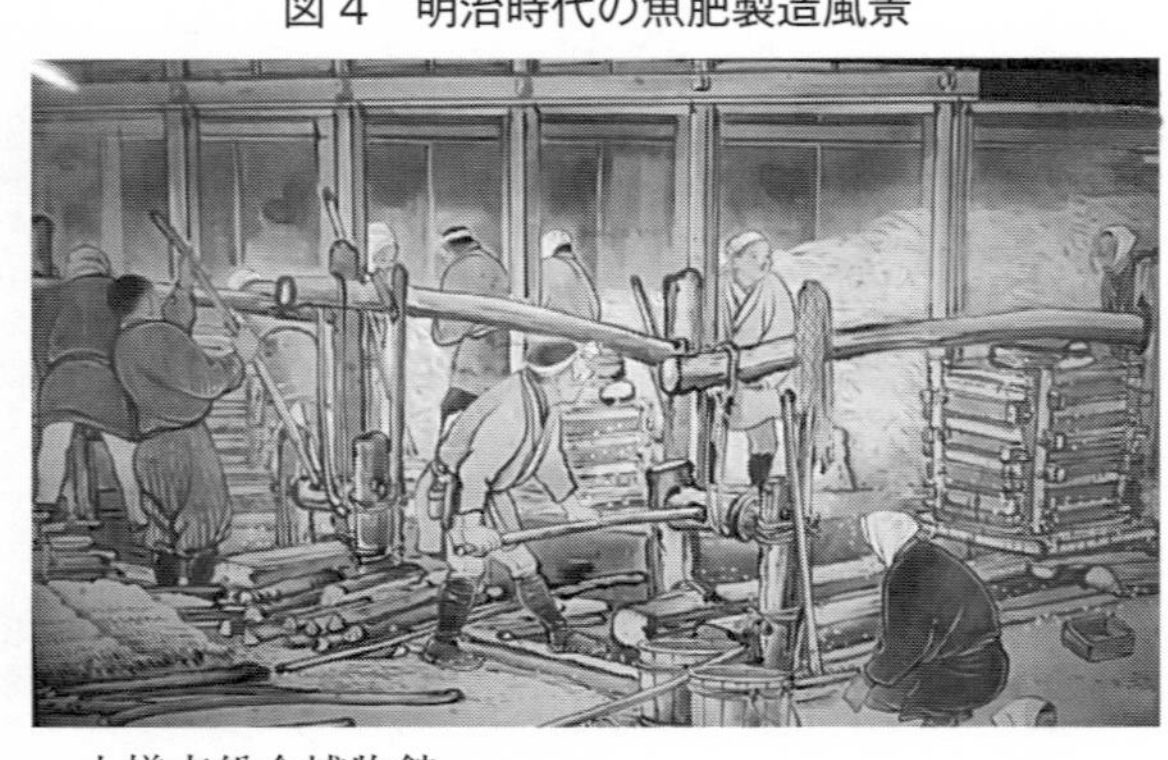

小樽市総合博物館

明治時代の半ばになると、魚肥の生産は漁業という枠を超えて日本の産業のひとつとなり、ニシン漁業のほとんどは食用ではなく魚肥製造に回されていました。ニシンは春になると産卵のために沿岸部に大群をなして押し寄せ、その魚群の様子については「棒を海面に刺しても倒れない」とまで言われているほど大漁でした。その頃は、ニシンは無尽蔵とされており、獲り過ぎについては全く考えられていませんでした。

今も北海道の江差などへ行くと、当時のニシン漁最盛期の面影を見ることが出来ます。また、当時のニシン漁で唄われていた「ソーラン節」は今も日本人に最も親しまれている民謡として歌い継がれています。

ところが、明治時代中頃にあたる一八八七年から北海道ではこれらの魚が急に不漁となり、魚肥が不足する事態が発生するようになるのです。一九〇八年になると北海道での魚肥の生産量は急速に減少してしまいます。例えば一九〇六年には約47万貫あった北海道の干鰯が、2年後にはたったの５００貫に激減してしまいます。当時の北海道は日本国内で作られる魚肥の約２／３を生産していましたから、その影響は甚大でした。一気に魚肥が不足し、価格が急騰していくようになり、政府もその対応に追われることになります。

4.1　大豆粕の登場

このように最盛期を謳歌していたニシンなどの不漁が我が国の農業に与えた影響は大きく、肥料商人たちは高騰する肥料価格を抑制するため廉価な代用肥料を探し、試しに大豆粕を満州から輸入したのでした。中国では古くから大豆の搾り粕である豆粕が肥料として使われていたのです。

一八九六年（明治29年）の日清戦争の後に愛知県にある肥料商人が、豆粕を中国から輸入して代用肥料として販売してみました。結果は大好評で、それ以来徐々に大豆粕（脱脂大豆）が肥料として日本の農家に認められていったのです。当初は単なる代用肥料に過ぎなかった大豆粕でしたが、次第に大豆粕の肥料としての優秀さが多くの人たちに認められていきます。そして一八九九年になると豆粕の対日輸出量は中国国内での使用量を上回るほどになります。

さらに大正時代になると我が国の農商務省は、魚粕と大豆粕の肥料効能について比較試験を行っています。その結果、大豆粕の方が肥料効果が高く、さらにコスト面でもより良いことが明らかとなりました。つまり大豆粕の肥料効率が魚肥よりも優れていることが証明されたのです。この実験を行った農商務省農業実験場山陽支場では、一九一三年～一九一六年の4年間の栽培試験によって、大豆粕は肥料として、稲、麦だけでなく、桑、茶などにも効果的であることを証明したのです。また、収穫量が優れていた他にも、大豆粕は魚粕より施肥方法が簡単で、肥料効果が表れるのが早いなどの特徴もありました。そして何よりも安価な値段と安定した原料供給という点で、大豆粕は魚粕をはるかに上回っていました。

満州の大豆粕が日本農業を支える

このように我が国にとって、明治の半ば～大正時代にかけて、大豆製品で必要だったのは大豆油ではなく、油を搾ったあとの大豆粕だったのです。これらの大豆粕の肥料が使われることによって日本の主要食用作物の一反あたりの収穫高が、一八七九年～一八八三年の5年間を基準として比較すると、日露戦争前後の5年間（一九〇四～一九〇八年）には粳稲、糯稲、小麦、裸麦、大麦ともに大幅に増加しています。その中でも大麦に至っては、50％余りも増加していました。さらに一九二三年になると、各種作物は増産傾向を表し、一九一九年～一九二三年の5年間の増加率は、粳稲が60・3％、糯稲が64・5％、大麦が84・6％、裸麦が44・3％、小麦が85％と好結果を示しています。単位面積での作物の増収にはいろいろな要因が考えられますが、有効な肥料の投入は大きな原因だと推測できます。ちなみに、この時期に日本国内で消費された販売肥料の中で最も大きく伸びたのは大豆粕でした。そして一九〇三年～一九一一年にかけて大豆粕は販売肥料のほぼ50％を占めるに至っていました。さらに大正後期になると、日本国内での満洲の大豆粕への依存割合はさらに高まり、販売肥料の67％を占めるまでに至りました。

こうして一九一五年～一九二〇年の6年間は、国内における大豆粕の黄金期でした。このように当時の日本が必要としていた大豆製品は大豆粕だったのです。

5　満州における大豆の歴史

我が国では、大豆は縄文時代の昔から綿々と栽培が続いてきており、その栽培面積も時代とともに拡大していったものと考えられます。しかし日本の社会ではいつの時代からか稲作が農業の中心となり、大豆は稲作と栽培時期が重複しているためにどうしても大豆の栽培が後回しになっていたと想像されます。特に江戸時代の経済はまさに石高制と称され、藩で生産される米の石高が指標となって藩の経済力、さらには藩の勢力をも示していたので、各藩は米作りに懸命となり、大豆生産はその余りの土地で細々と作られていたようなものでした。

それでも、古い農水省の統計によれば日露戦争当時（一九〇五年）の国産大豆生産量は年間42万トンであり、現在の2倍程度生産されていたようで、当時（一九一二年）の人口が5千万人程度であったことから推測しても、国内需要をある程度満たす状態であったと想像されます。現在の国内の食用大豆消費量は95万トンとされており、当時の人口から考えると、食用大豆の需給バランスは現状に近かったものと見ることが出来ます。

そして国内での生活水準の向上と共に大豆消費量も徐々に増大していき、それが国産大豆の増産につながって、一九二〇年（大正9年）には国産大豆の生産統計の最大値となる55・1万トンを記録するに到ったのです。

ところがこの頃から国産大豆は満州大豆に押され始めることになります。この頃になると満州では大豆栽培が大きく飛躍しており、海外への輸出も急速に拡大して、その安価な満州大豆が我が国の国産大豆を圧迫していくことになります。こうして日本の大豆供給は徐々に満州大豆に依存するようになっていきます。一時は55万トンまであった国産大豆も減少の一途をたどり30万トンを切るところまで下がり、終戦の年（一九四五年）には17万トンにまで減少してしまいます。なお、現在（二〇二〇年までの直近5年間）の国産大豆の生産量は20～25万トンの状態であり、現在も依然として海外に依存する状態が続いています。

5.1 満州での大豆栽培風景

ここからは満州での大豆栽培の様子を、当時の満鉄資料から見てみることにします。満州では大豆栽培は一般的には高粱、粟、麦などと同じ畑で栽培されており、肥料は主にリン酸と加里（カリウム）が用いられていたようです。満州は日本の温暖湿潤気候に比べて、北に位置しているために、気温も涼しく雨量も少ない、という亜寒帯冬季少雨気候でした。また、満州の奥地はステップ気候と称される降水量の少ない半乾燥地帯で、冬の訪れも早いので秋の収穫時期も日本よりも早いとされています。当然栽培している大豆の種類も日本と違っていましたが、その多くは満鉄の「農事試験場」で品種改良されたものでした。満鉄が大豆の品種改良をする前に栽培されていた大豆品種についてはよくわかっていませんが、満鉄の記録に残されている当

表８　満州地方と東京の気候規格

地域	南満州地方（奉天）		北満州地方（哈爾賓）		比較・日本（東京）	
季節	平均気温 ℃	平均雨量 mm	平均気温 ℃	平均雨量 mm	平均気温 ℃	平均雨量 mm
発芽期５月	15.5	56.2	13.6	42.6	16.5	152.3
生育期６月	21.4	84.5	18.7	97.7	20.6	163.0
生育期７月	24.4	156.2	22.3	186.6	23.9	140.9
成熟期８月	23.4	138.0	21.8	98.2	25.3	162.6
成熟期９月	16.5	84.2	13.6	51.1	21.8	221.8

満鉄農務課編大正13年

時の満州の代表的な品種として奉天白眉（奉天周辺）、黒穀黄豆子（遼陽以南）、四粒黄（南満州北部）、小黒臍（満州北部）などがあります。

満州の土壌は日本のように、腐葉土が多い窒素分の豊かな土壌ではないが、マメ科植物の特性として、自ら空気中の窒素ガスを栄養として利用することが出来る根瘤菌と共生していたので、大豆の成長に大きな障害とはならなかったと想像されます。むしろカリウムなどのミネラルを含んでおり、その分大豆栽培には適していたとも言えます。この地方は大陸気候のために春先には強風が吹き荒れることが多く、またこの時期には雨量も少ないために、大豆種子の発芽には悪影響を及ぼすことが時々起こっていたようです。**表8**に満州各地の天候と、日本・東京の天候を比べておきましたので参考に見てください。

大豆栽培の様子については、次のように満鉄の内部資料に残されています。

播種は点播きよりも連播きとしており、１粒播きあるいは２粒播きとしている。大豆種子を播くと１寸５分程度の厚さに覆土し、1回足で踏みつけておくのが望ましいとされています。大豆の種子が発芽するとまもなく除草・中耕作業が2～3回行われます。第1回目は本葉4、5葉が出てきたときに行い、根元に土寄せをします。さらに10～15日を経て2回目の中耕をする。北支那、満州のように少雨の地では中耕の回数を多くする。さらに最後の中耕は開花前に終了しておく。収穫作業は日本とは大きな差異がなく、鎌で根元から刈り取るのが一般的だが、地方によっては抜き取っているところも少なからずあります。その根元を揃えて適当な大きさに束ね、これを圃場に堆積したり、収穫後ただちに庭内に運搬して堆積しておきます。

このように農作業の内容は日本国内と大きな差異はありませんが、気候の差による作業の違いはある程度見られます。大豆をよく乾燥した後に庭先でロバに石製ローラー（シートウコンツ）を引かせる光景などは日本との違いを感じる光景でしょう。その後は木製ショベル（ムーヤンチェン）で空中に放り上げて大豆から夾雑物を風選する様子などは、日本でもこの時代には同じことが行われていました。

満州で栽培されていた大豆の品種は、２００種を下らないと言われています。最も多く栽培されている品種は「黄白色種」と呼ばれるもので、これは日本で栽培されている当時の「一本草」「石川」「隠岐」「青根布」と呼ばれていたものとほぼ同じものとされています。この他にも奉天周辺で栽培されている「奉天白眉」「公主嶺」、遼陽かそれ以南の「黒穀黄豆子」、南満州北部の「四粒黄」「小黒臍」、奉天以南の「大粒青」、公主嶺付近の「鉄莢豆子」などが主な品種だったようです。

5.2 満州での大豆搾油事業

一九〇九年になると大連をはじめ、ハルビンや北満洲各地の鉄道沿線で大規模な油房（搾油工房）が建設されるようになり、満州での大豆搾油事業の発展期を迎えることになります。それまでも満州各地では家内工業的に大豆油が作られていましたが、それは村々で生産された大豆を限られた範囲で集めて油を搾るという状況でした。しかし、鉄道の普及に伴い広域の農地から大豆を集荷されるようになり、鉄道沿線で規模の大きな油房が建設されるようになります。そしてその生産を支えたのが日本における大豆粕に対する需要の高まりでした。日本で大豆粕に対する肥料需要が高まってくると満洲での油房の建設が活発になってきます。さらに中国江南地方における農業の活性化などが、この動きをさらに加速させていくことになります。こうして満州における大豆搾油事業に大きなはずみがついてくるのです。

そして一九二〇年代になると、満州大豆は日本だけでなく、欧州、アメリカでも注目されるようになり、国際商品へと成長していきます。それは大豆油や脱脂大豆に対して注目が高まってきたことによるもので、満州からこれら海外市場に向かって輸出が始まります。こうして満州における大豆事業は大きな産業へと発展していくことになります。

しかし、ドイツでは、大豆油と大豆粕の可能性に注目し、さらには自国の油脂化学に対する技術力に期待して、これら大豆加工を国内で行うという道を目指すようになり、原料大豆を輸入して国内で搾油するようになります。そしてこうした流れは大豆搾油を国の経済発展に結び付けようとの動きになっていきます。そのために欧州への大豆の輸出量が高まっていく反面、大豆油・豆粕など搾油商品に対する需要が減っていくようになります。そして一九二五年以降には大豆の輸出量が豆粕を上回るようになります。

一方、日本で必要としていたのは農業用肥料としての大豆粕であり、大豆油については国内には全く需要がなかったので、もっぱら満州で搾油された大豆粕だけを購入するという取引が続いていきます。これらの流れの中で日本でも大豆搾油の動きが出てきますが、しかし国内の需要を支えるには程遠く、多くを満州の搾油事業に頼っていく状況が続いていきます。

こうした満州の搾油事業に支えられていた我が国の大豆粕の利用に、ここで大きな動きが起きてきます。それは化学肥料としての硫安の登場です。価格の安い硫安の登場によって我が国における大豆粕肥料の需要は急速に減退していくことになります。それまでは、日本に大量に肥料用として輸出されていた大豆粕に需要の減退と価格の低迷が始まります。

こうして満洲大豆は、ヨーロッパ諸国への大豆輸出が急増するにともない大豆価格は高騰していく反面、日本国内で起こった豆粕価格が硫安の普及によって下落したため、満州の多くの油房や日系製油企業などでは原料高・製品安の採算悪化に直面することになります。

硫安肥料の登場

一八〇四年、ドイツの探検家アレクサンダー・フォン・フンボルトが、ペルー沖にあるグアノ島から化石化した鳥の糞をヨーロッパに持ち帰り土壌に混ぜ込んだところ、驚くほど穀物の収穫量が増えたことに端を発して、この白い岩石に対して肥料としての需要が熱狂的に高まります。こうしてグアノの島々が姿を消すまでこの島の岩を掘り、ヨーロッパへ運び続けたのです。これらの岩石には畜糞に含まれる窒素の30倍以上が含まれていたとされています。そしてこのグアノ島が姿を消してしまったとき、これに代わるものとして化学工業による窒素肥料の必要性が大きくクローズアップしてきます。一八九八年、英科学アカデミー会長のウィリアム・クルックス卿が、人類生存のために空中窒素の肥料化への挑戦を化学者たちに呼びかけ、そのニュースは直ちに世界に伝わっていきました。

時代はちょうど第一次世界大戦を迎えようとしていました。ドイツは高性能爆弾の製造に欠かせない天然の硝酸塩源を持っておらず、イギリスによる海上封鎖に対して脆弱な状態に置かれていたのです。そのためにドイツでは国を挙げて硝酸塩製造法の開発に取り組んでいました。

一九〇九年にイギリスの大学研究者であるフリッツ・ハーバーは硝酸塩製造の前駆物質であるアンモニアを連続的に製造することに成功します。その理論を活用して、ドイツＢＡＳＦ社の若手研究者カール・ボッシュはこれを工業化することに成功したのです。こうして第一次世界大戦が始まるころには、ドイツの新しい硝酸塩工場は20トン／日の窒素を生産することが出来るようになり、これらはすべて火薬製造に使われました。そして終戦と同時にこれらは肥料に利用されるようになり、ここに新しい窒素肥料の時代を迎えることになります。

窒素肥料をハーバー・ボッシュ法として工業的に生産する道を開いたことにより、二人はノーベル賞を受賞しています。しかし、この方法で窒素を製造するためには、空気中にある窒素ガスを膨大なエネルギーを使って固定化し、肥料にするという効率の悪さがありましたが、窒素肥料に対する強い需要から、このことについてはほとんど問題にされることはありませんでした。

このハーバー・ボッシュ法による窒素肥料の製造には、４００℃以上の高温と１００気圧を超える圧力という過酷な条件を必要とし、さらに原料とする水素の精製にも膨大なエネルギーが費やされ、温室効果ガスの二酸化炭素も多量に排出するという製造方法でした。しかし肥料に対する強い期待から生産は拡大され、出来た窒素肥料である硫安が世界の農地にばらまかれる時代が到来することになります。

表９　1924年の窒素肥料に対する価格比較

肥料品目	窒素分１貫の価格(円)
大豆粕	5.46
なたね粕	10.12
鰊粕	9.79
硫安	3.12
硝石	3.42

豊年製油㈱工場報　1927年２月号より

しかし思い出してください、大豆をはじめとするマメ科植物は根瘤菌と共生しており、自ら空気中の窒素ガスを取り込んで、周囲の植物に栄養素として窒素を与える能力を持っているのです。マメ科植物は今も自然環境の中で膨大な窒素栄養分を生み出しているのです。そして、根瘤菌が作った窒素を利用した大豆粕が出来上がり、それを肥料として使っていたのです。つまり大豆粕を使った肥料は石油エネルギーを使わず、炭酸ガスも排出しない天然の窒素肥料だったのです。

しかし工業製品としての硫安が登場してきたことにより、大豆粕は見返りがなくなり、当時の脱脂大豆にとって主要な需要先である、農

表10　満州油房豆粕生産数量推移

年度	1918	1920	1922	1929	1931	1932	1933	1935
生産量（万枚）	3,632	4,311	4,645	5,137	5,815	5,777	3,843	3,963

満鉄総裁室弘報課資料

業用肥料としての用途を失ってしまうことになるのです。

こうして一九二三年頃からアメリカやイギリス、ドイツから硫安が輸入されるようになり、日本では肥料用の大豆粕の需要量が減少を始めます。一九二五年の国内での肥料用大豆粕の消費量は１１９・６万トンであり、そのうちの85％は満州からの輸入でした。そしてこの年の硫安の消費量はすでに12・2万トンと大豆粕を圧迫しはじめていました。両者の価格比較を表9に示しました。

ここに見られるように輸入される硫安の価格は窒素換算で大豆粕肥料の6割程度という安価であり、さらに硫安の国内生産もすでに始まろうとしていました。このような状況にあって満州豆粕の輸出量も一九二五年をピークに減少を始めます。そして国内の大豆粕の消費量も一九二三年をピークに減少が始まっており、一九三二年には、一九二六年の29％にまで激減していったのです。

このように一九一〇年～一九三二年まで隆盛を誇った肥料用脱脂大豆は、それ以降は衰退期をたどることになります。その様子は表10の満鉄のデータに見ることが出来ます。

大豆粕苦難の時代へ

一九三五年になると大豆粕の肥料としての消費量が大幅に減少し、国内における硫安の消費量が大豆粕を超え、硫安は日本における主要な肥料へと入れ替わっていきます。国内で大豆粕の需要が低迷してしまうと、大豆搾油事業は成り立ちません。そのために大豆搾油企業は脱脂大豆の新たな用途開発に必死で取り組み始めます。

こうして国内の製油企業が脱脂大豆の新たな用途として開発に取り掛かったのは、豆腐への利用、味噌、醤油への利用、分離タンパクによるアイスクリームや練り製品などへの用途開発、さらには人工肉、合板用接着剤、園芸肥料、各種畜産飼料などが脱脂大豆の新たな用途として登場してくることになります。

そしてここで時代を大きく変えていったのは、我が国をはじめとする多くの国々で起こっていた肉食、乳製品などに対する需要の増加と洋食への憧れでした。当時、アメリカは世界に向かって戦後の食糧難に対して食糧支援すると共に、映画などでアメリカの豊かな食生活の姿を発信していきました。そこに映し出された肉食を中心とした豊かな食文化は、貧しかった当時の人たちにとっては憧れの光景そのものでした。

こうして栄養知識の普及と共に、我が国でも食習慣の洋風化が始まります。そして、これらの流れの中で乳牛用飼料をはじめとする牛、豚、鶏などへの畜産飼料原料として、タンパク含量の高い大豆粕を利用するようになるのです。その流れに対してアメリカ大豆協会も積極的に支援していったために、飼料用原料としての用途が大きく浮かび上がってきたのです。そしてこれら飼料用途に合わせて、脱脂大豆製造工程に高温処理工程を組み入れて、家畜によるタンパク質の消化吸収を高める製造方法へと替えていくことになります。

5.3　満州と当時の中国社会について

ここで日本が満州に満鉄を設立し、日系企業が満州に進出しようとしていた一九一〇年頃の満洲の様子を見てみましょう。満州には清朝が滅亡した一九一二年には地方軍閥がいくつか存在していて、軍閥間の抗争や軍閥による経済活動が盛んに行われるようになってきます。そして彼らの中には、軍閥の力を伸ばして大きな勢力を持つようになる者も現れてきます。その代表的な軍閥として張作霖・学良父子のいわゆる張政権がありました。張作霖は、一九〇八年に満洲に出没していた山賊を討伐した後、周辺の土地を収奪していき、一九一六年には自らの軍閥（奉天軍閥）の勢力を背景に遼河周辺の18億㎡の農家の土地を奪って自分のものにしてしまったのです。その結果、張作霖は満洲の軍事・政治を掌握し、満洲地方最大の地主となります。

中国本土では、古くから科挙の試験に合格した知識層が政治の中心になっていましたが、満州では教育をほとんど受けていない「馬賊」と言われるギャングが勢力を伸ばしていったのです。張作霖は土地の占有だけでは満足せず、自らの軍閥の勢力拡大のために国際商品として成長しつつあった大豆に目を付け、その確保のためにいろいろな施策をめぐらしていくことになります。

張作霖政権は自らの軍の戦力増強のために海外から武器を購入する必要に迫られ、その資金源としての外貨の獲得が急務となっていたのです。そのため自らの配下に多くの糧桟（大豆の集荷、保管、販売に携わる業者）を設立させます。これらの糧桟は農家から大豆を青田買いしていたので農民から低価格で大豆を買付けることが出来、多くの利益を得ていきます。さらに、彼らは自らの銀行を設立し、そこで発行する私帖と称する信用預り証を大量に発効し、これを利用して農家を取り込んでいくことを始めます。

同じようなことがいくつかの軍閥によって行われたために、満州大豆の取引は外国企業にとってわかりにくい混乱状態となっていきます。このように満洲には20世紀の初めから各地で多種類の通貨が並行して流通していたのです。そのために各地に亘って大豆取引をしようとする外国企業にとっては、それぞれの地区の流通貨幣に交換しなければならず、またその交換比率も複雑に混乱しており、農家と直接取引することが難しい状態でした。そのうちに「官商筋糧桟」と呼ばれる糧桟が生まれてきます。官商とは官僚と特殊な関係にある商人のことで、次第にその数は増えていき過半を占めるほどにまで膨らんでいきます。官商たちは農家に支払う代金は自分たちの不換紙幣を乱発して当てていました。

農民はこれらの紙幣を使って、生活に必要なものの支払いに充てることが出来たのです。こうして官商系糧桟は不良紙幣の乱発で農家を取り込んでいきます。官商には紙幣の乱発は自由でしたが、海外の商社がその紙幣を取得するには自分たちの優良紙幣で買い取らなければならず、不良紙幣の騰落による損害までも背負い込まなければならない危険性と背中合わせになってしまい、深く踏み込むことが出来ない、複雑な大豆ビジネスの世界となっていきます。

こうした動きに対して満州大豆を求める日本企業は警戒を深めていき、日本側も対抗措置として満鉄をはじめとする商社や製油会社などが自前の糧桟を設立するようになります。満鉄は協和糧桟を設立してハルビン、長春、東清など鉄道沿線で大豆を集荷するようになります。さらに三井物産は営口、安東、開原、長春、鉄嶺、四平街、公主嶺に出張所を設置して大豆の集荷に乗り出していきます。しかし日系企業が設立したこれらの糧桟は数年後には閉鎖することになります。それは現地の複雑な仕組みと不渡り、不正品交付、抜け荷等の悪事に直面することになり、全体の７割に当たる組織が倒産して、いずれも莫大な損失を被ったとも言われています。

表 11　鉄道網の延長と大豆出回り量の関係

	鉄道延長（km）	大豆出荷量（万トン）
1918	4,098	190
1925	4,795	365
1928	6,256	420

満鉄経済調査会、満州経済年報 1933

一方満州での農産物の生産地は、広大な内地の奥深くにまで広がっていたために、鉄道が開通する前には、大豆などの穀物の取引はそれぞれの村や町で開かれる自由市場で行われていました。しかし鉄道が開通したことにより、農民は奥地の自由市場で販売するより鉄道で中央市場・沿線糧桟まで運んだ方が高値で売れるために、駅までは自分の馬車などで運搬して鉄道輸送をするようになります。こうして満州における鉄道の普及は大豆の交易システムを次第に拡大していくことになります。しかし集荷された大豆を取引するためには糧桟の私帖などとの兌換が必要になり、簡単に日系企業が参入していくことが難しい状態が続いていました。

張作霖はさらに満鉄との並行鉄道路線などを敷設して大豆の買付、販売、運輸などの事業を満鉄から奪う動きを始めます。こうして張作霖は徐々にその事業を拡大していき、一九二八年には満鉄の大豆輸送量を上回るようになっていました。

張作霖は一九二七年には北京で「大元帥」に就任し、中華民国の指導者になります。しかし中国国民党が勢力を増してきたことで、張作霖は北京を去って奉天に戻ろうとします。そこで、一九二八年六月四日に張作霖の乗った列車が奉天近郊で爆破され、彼は爆死してしまいます。この事件は終戦までは犯人の公表は行われませんでしたが、その後の調査で、この事件の首謀者は関東軍高級参謀であった河本大作によるものとされています。この事件の後で張作霖の軍閥を引き継いだ息子の張学良は、関東軍と日系企業に強く反発し、自らの大豆ビジネスをさらに拡大していくようになります。

6　満鉄の大豆ビジネス

満鉄は鉄道事業の収益性を維持するために、当初は事業の主体を満州の内部地域で生産される石炭の輸送を主体に考えていましたが、鉄道沿線で盛んになってきた大豆栽培に着目して、収穫された大豆の輸送を事業の柱とすることに切り替えていきます。それは当時の満州における農作物の中で換金作物となるのは大豆しかなかったからであり、また地域の農民も大豆栽培に積極的になっていたからでした。これら一連の大豆事業をどう進めるかについては、満鉄の興農部に総合立地計画委員会が設置され、ここで検討が進められていきました。

一八九八年にロシアが大連に港湾施設を建設し、後に満鉄がその施設を活用してここを貿易港として利用するようになると、この地にも油房（搾油工房）の建設が相次ぎ、満州の主要な搾油基地となっていきます。そして搾油工房の増大によって、満州豆粕が大量に生産され、これらが日本に輸出されるようになります。こうして国内へ持ち込まれる大豆粕が増えるにしたがって満州大豆について多くの人が知るようになります。さらにそれら日本の動きを知った欧州でも大豆への関心が高まり、満州での大豆栽培をさらに押し上げていくことになります。

図５　満州大豆出荷量

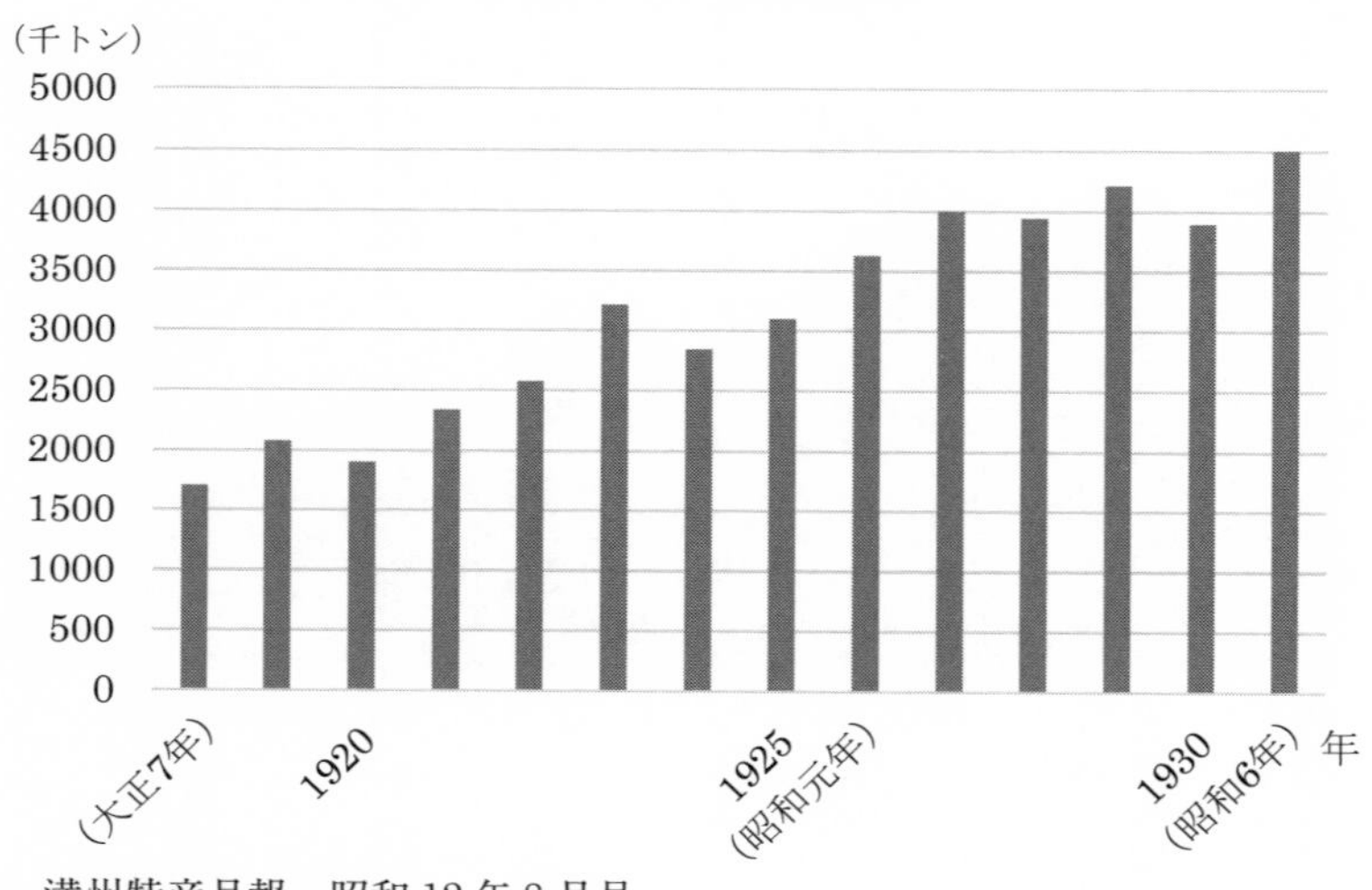

満州特産月報、昭和 12 年 8 月号

このようにして満州での大豆栽培が急速に拡大していきます。満鉄が大豆事業の活動を始めた頃の一九一〇年からの10年後、20年後には大豆の栽培面積が2倍、3倍に広がっていき、大豆の収穫量も大きく飛躍していくことになります。

さらに一九四八年に出版された（中国）東北物質調整委員会がまとめた『東北経済シリーズ・貿易』によると、一九〇八年に80・5億㎡であった満州の耕地面積は、20年後の一九二七年には131・8億㎡と63・7％増という急速な拡大を遂げています。このことは当時の満州ではいかに農家が大豆の栽培に熱を上げていたかを示していることになります。

こうして、大豆の収穫量の8割以上が出荷され、商品として輸送されるようになります。当時の状況を調査した「満州における大豆栽培消長の歴史的研究」（昭和17年）によれば、満州全体の貿易額の50％以上を大豆が占めており、一九一一年から7年間の大豆の平均輸出量は１６５万トン／年であったのが、一九二六年からの６年間の平均輸出量は４０８万トン／年と、昭和初期には４００万トンを超える輸出量が続くほど主要な作物となっていったのでした。こうして満州大豆がいよいよ世界に向けて大きく羽ばたく時代を迎えるのです。

満鉄の鉄道事業も、この大豆の輸送量増大によって安定していくことになります。満州における大豆三品（大豆、豆粕、大豆油）の輸出量をみると、一八六九年に清朝政府が大豆の外国輸出を解禁してからは、香港、東南アジア、そして日本へと輸出されるようになり、その規模が急速に拡大していきます（表12）。この頃の大豆の集荷流通を担っていた鉄道は、イギリス系の京奉鉄路（一九〇三年建設）、帝政ロシアの中東鉄路（一九〇三年建設）、そして日本の満鉄（一九〇六年からの運営）でした。

表 12　満州大豆三品の輸出量推移

平均輸出量 / 年	大豆三品の輸出量（千トン）
1872-1881	276
1882-1902	693
1912-1921	3,009
1922-1931	6,138

満鉄総裁室広報課編

そして満州大豆はヨーロッパへの輸出が盛んになります。さらに、ヨーロッパを経由して大豆油を輸入していたアメリカに対しても満州は徐々に輸出の道を広げ、国際商品としての立場をさらに高めていくことになります。

6.1　満鉄による大豆研究

当時の満州では、鉄道のさらなる広がりは大豆の栽培地域を内地へと広げ、農家の大豆栽培への参入を促進していくと共に、大豆の商品価値を高める役割を果していました。このように20世紀初頭に満州に設立された満鉄にとって、大豆は自らの事業を支える力強い商材であると同時に、満州大豆を育成する役割を積極的に果たしていくことになるのです。

満鉄は大豆の価値を高めていくために、いくつかの取り組みを始めていきます。まず、満鉄設立の2年後にはすでに2ヵ所に苗園を設立して、大豆の優良品種の育成に着手しています。そして一九一三年には公主嶺に産業試験場本場を設立しますが、これは5年後に「農事試験所」と改称し、大豆だけでなく高粱、粟、小麦、稲、トウモロコシ、綿、ケナフ、亜麻などの作物の改良研究を行っています。公主嶺本場は種芸、農芸化学、畜産、病理昆虫の4部門で成り立っており、研究者は日系人だけでも150人、圃場面積70町歩、畜産部の放牧地は400町歩という広大なものでした。

この公主嶺本場の他にも熊岳城、押木営子に分場を持ち、遼陽には農試、綿花試験地を設置し、さらに鳳凰城、銭家店、兆南、海倫、敦化、海龍に試験場を設置して、それぞれの地域に適した農事試験をおこなっていました。

満鉄の農事試験場

この公主嶺を中心とした「農事試験場」では、満州の主要産物である大豆の研究から始められました。まず、長春と開原地方の在来種を原種として用い、一九一四年度には８８００本の個体から優良種１２００体を選択し、翌年にはさらに60体に絞り込み、さらに継続して4年後には14体の優良種を、その翌年には純系3種を育成しています。ここで得られたのが「白花種」という搾油用大豆でした。この品種は在来種に比べて反収で22％優れ、含油分も19・１８％と従来種に比べて15％高いもので、北はハルピンから南は開原に至る中部満州を栽培適地とする品種でした。

さらにこれと並行して進められた育種研究によって、「黄宝珠」など数種が作られました。黄宝珠は四平街地方の在来種である「四粒黄」を原種として純系分離の方法で成功した品種であり、含油率が2～3％高く、一九三五年には満州の栽培品種の45％に達していたと言われています。この他にも多くの改良品種が作り出され、一九四一年には満州農作物奨励品種決定委員会が推奨した奨励品種は14品種に達していました。これらの品種は原則有償で農家に配布されますが、実際には現物交換しながら満州での大豆生産に貢献していくことになります。

満鉄がこうした活動を進めるまでの従来の満州大豆は、一握りの中に粒の大小、種皮の色調、粒のヘソの部の色調等で分類すると数十種類が入っているほど雑多でした。満鉄の活動はそれを見事に改善したのです。改良大豆の種子の配布量は、一九三五年までの13年間に満鉄直営機関分だけで５５３７トンにのぼっています。この農事試験所では大豆の品種改良だけでなく、大豆に被害を与える病害虫についても多くの研究がされていました。後に北海道農業試験場でこの「黄宝珠」を調べたところ、ウイルスによるダイズ矮化病に対して極めて強い耐性を持っていることが確認されています。

これら大豆についての研究の他にもケナフについての研究もされています。当時満州では、大豆をインドから輸入した麻袋に詰めて運搬していました。それを満州で自給することを目標に、ソ連のタシケント植物育種場から大豆の種子と交換してケナフを入手し、それを満州の地に定着させたのです。このことによって満州大豆は満鉄の努力によって麻袋の自給が可能となったのです。これらは満鉄の隠れた貢献と言えるでしょう。

満鉄の中央試験所

一方、「中央試験所」は、後藤新平の提案により、一九〇七年に関東総督府によって設置されますが、一九一〇年に満鉄がこれを継承して大きく発展させていきます。この研究所は一言でいえば国公立研究機関、公益法人研究機関、民間営利企業の研究機関の三者の性格を併せ持ったようなものでした。この研究所の組織も時代と共に変化していきますが、一九三六年以降の組織を大豆関係に限定して示せば、有機化学科の中に大豆研究室（3室）、油脂研究室（5室）、有機化学科大豆油抽出工場（6室）、有機化学科硬化油工場（4室）、農芸化学科食品発酵研究室（1室）、一般農産研究室（2室）、農産化学科ビタミン工場などがありました。

一九四五年の第二次世界大戦終戦時の規模は、敷地面積4万8861㎡、建物延2万2511㎡、所員は

506名、職員6名、嘱託71名、日本人傭員208名、中国人傭員60名の組織でした。

満鉄中央試験所が成功させた大豆研究の成果として、大豆の茎からのパルプの製造法。また大豆タンパク質の高度利用を目的とした研究では飼料用タンパク、大豆タンパク質人造繊維、水性塗料、大豆タンパク可塑剤、速醸醤油製造法の技術開発などが挙げられます。大豆油の利用研究では、大豆硬化油、脂肪酸とグリセリン製造法、レシチンの製造法、ビタミンB、スタキオースの製造法などに成功しています。また、当時は「石油の一滴は血の一滴」といわれた第二次世界大戦前であり、アメリカからの輸入に頼っていた燃料油の開発は国家的緊急課題でした。そのために、現在では世界で広く利用されている大豆油を原料とするバイオ燃料の研究にも取り組んでいます。

満鉄が開発したこれらの技術を受け継いだ日本の企業は数多くあり、満鉄の研究成果はその後の日本産業の近代化に大きく貢献したといえます。

こうして「農事試験場」では大豆の品種改良や栽培試験を、「中央試験所」では大豆の商品価値を高めるための利用研究を進めましたが、その中でも当時としては画期的な、抽出溶剤を使った大豆油製造法の開発に取り組んでいました。この技術はその後の日本の大豆搾油産業に大きな影響を及ぼす成果をもたらすことになります。

と言っても、それまでの満州ではどんな方法で大豆から油を搾っていたのかを見なければ満鉄の新しい搾油法の斬新性がわかりにくいでしょう。そこで当時満州ではどんな方法で大豆から油を取り出していたのかを見てみることにします。満州大豆が外国に持ち出される以前にも満州ではすでに大豆搾油が行われていました。そのために満州で行われている搾油方法が当時存在した世界で唯一の大豆の搾油方法であったということになります。

満州で使われていた搾油法

満州で古くから使われていた搾油法に「楔式圧搾法」というのがあります。これはまだ満州で小規模な搾油しか行われていなかった時代に多く用いられていた方法で、満州での大豆搾油が大規模化するにしたがって消えてしまった方法です。

その方法はまず、大豆を砕き蒸熱した後に包装して搾油します。大豆を砕くのは、大きな丸い石盤の中央に軸木を立て、この石盤上に円筒形の石車を置き、ここに大豆をおいてこれを馬やロバに周りを引かせながら石車で粉砕します。次にこの砕いた大豆を柳で底を編んだ籠又は麻布を張った木製の丸い筒に入れ、これを蒸した後に木製の丸い木枠にひろげ、上に油草（奉天周辺に自生している単子葉植物）の根元を束ねたもの二束を広げて鉄棍で固定してから搾油作業に入ります。この前処理には熟練を要し、時間も手間もかかる工程でした。ここから搾油作業に入るのですが、搾油機は4本の柱を1mほどの間隔で立て、上部に横木をわたして固定し、さらに4柱を縄で縛って固定します。この4本柱に油を搾る詰木を横たえ、ここに先程の鉄棍で固めた大豆の包装を5～7個並べ、さらにこれに木楔をさし込んで職工2人が両側から鉄槌で木楔を強打します。木楔を打ち込まれるにしたがって大豆中に含まれる油が搾り出され、搾油機の下に設けた油槽中に流れ出すというものです。最後に搾られた大豆粕の包装を取り外し油草、鉄輪をはずして脱脂粕を取り出します。搾られた油は数日間油槽内に静置して油滓が沈殿するのを待ってその上澄みを油の容器にとり、口を布で包みさらに油紙を豚血と石灰で貼り付けて市場に出すことになります。この作業は長時間を要する原始的な方法であり、搾油量が増加するにしたがってその多くは消えてしまいました。

次に登場した搾油法は、「螺旋式圧搾法」と呼ばれるものでした。この方法が登場したのは一八九七年で、当時営口にあった太古元油坊が鉄製ローラーを用いて蒸気により大豆を圧砕し、それを手推の螺旋式圧搾機に入れて搾油したものです。螺旋式は楔の代わりに螺旋を用いたものですが、その螺旋は人力によって回して搾油するというものでした。この方法は楔式に比べて人力、場所、時間を節約できたために当時としては新しい、比較的大量生産に適するものでした。

この後も部分的に改良された方法が現れていますが、基本的な方法は同じようなものでした。しかしこれら一連の圧搾搾油法では大豆から完全に油を搾り取ることは難しく、今から見ると残油分の多い大豆粕になっていました。

当時から大豆粕の大きな用途として期待されていたのが農業用肥料であり、そのためには残油分が多いことはその分窒素比率が低下しており肥料効率が劣ってしまうことがわかっていました。

6.2　満鉄の抽出技術開発

満鉄の中央研究所はこの点を改善すべく、残油分の少ない脱脂大豆を作ることを目標に研究を始めます。そのためには油分を効率的に取り出す新たな搾油技術が必要になります。

研究所では早い段階で残油分の少ない、肥料効率の良い大豆粕を作るための取り組みに向かって検討が進められていました。予備試験として板締式圧搾法のパイロットプラントを大阪鉄工所に発注して設置し、一通りの予備試験をした後に、一九一一年に欧州に向かうことになります。そして当時ドイツが手掛けていた溶剤を使ったバッテリー式抽出装置一式を購入し、大連郊外にパイロットプラントを設置して種々の研究に取り組みながら検討を進めていきます。そして一九一二年（大正2年）に日本で最初のベンジン抽出による大豆搾油試験工場を建設することになります。

こうしてさらに試験を重ねていったことにより、一九一四年三月には無事試運転を完了して、大連に近代的な溶剤抽出の大豆搾油工場を立ち上げることが出来ました。

ここで完成された新しい製油技術は、各種事情により神戸にある商社の鈴木商店に譲渡されることになり、国内企業によってこの近代的搾油事業がスタートすることになるのです。当時の世界の製油技術は圧搾法以外になかったのですが、満鉄はヨーロッパで開発されつつあったベンジン抽出法をいち早く取り入れて完成させたのです。その技術レベルは高く、到底当時の民間企業では達成できない成果として高く評価されています。

満鉄の大豆に注いだ情熱は並大抵ではなく、発表された研究報告は約千件、取得した特許は３４９件、実用新案47件と華々しい成果をあげています。満鉄は、太平洋戦争による日本の敗戦によって満州国と同時に消滅してしまいますが、その30年間に積み重ねられた満鉄の大豆研究が、わが国の大豆産業の近代化に果した功績は大きく、その恩恵の中に生きる現代の我々は、このことを忘れてはならないでしょう。

7　満州国と日本の大豆産業

7.1　満州国の建国

中国では、一九一一年に孫文が辛亥革命を起こし、翌一九一二年に清朝が滅ぼされて孫文が率いる中華民国が建国されました。満州地帯も一時は中華民国に組み入れられたがその政情は安定せず、列強の支援を受けた地方の軍閥が争い合う不安定な状況が続きます。これに対し一九一九年に軍閥の打倒を目指した国民党が結成され、蒋介石がその指導者になります。

こうして広州から始まった内戦は、北方軍閥の討伐（北伐）に向かって進められ、一九二七年四月に蒋介石は南京政府を樹立します。日本ではそれまでは協調外交を進めていましたが、ここで陸軍出身の田中儀一が首相になると外交政策を変更し、蒋介石による北伐が日本軍の駐在している満州の権益を脅かすとして、北方の軍閥の張作霖を援護することを口実に山東省へと出兵をします。しかし張作霖は日本との共同戦線から離れていったことにより、奉天郊外において爆殺されてしまうのです。この事件は軍部の中で抑えられていましたが、田中内閣は責任を取って退陣することになります。そして張作霖の後を継いだ息子の張学良は、日本の意見を入れずに国民党に合流することになります。このことから蒋介石の国民党による中国統一がほぼ成し遂げられることになります。

当時満州では、地元軍閥の張学良などによる排日運動が激しさを増していました。これに対して関東軍は一九三一年六月に軍事行動による満州占有計画を策定していて、そのタイミングを探していたのです。そんな時に起きたのが、満州北部で調査活動をしていた中村震太郎大尉と部下1名が張学良軍に拘束され殺害、遺体が焼却されるという事件が起きました。この事件に対して関東軍、陸軍、政府でそれぞれ意見が分かれましたが、新聞で生々しく報道されたことにより、国民は軍事行動を支持するようになります。

こうして一九三一年九月一八日に関東軍は満鉄の鉄道を爆破します。これを張学良の仕業だとして満州のいくつかの拠点を攻撃し、一気に占領してしまいます。翌日にはさらに他の沿線都市も占領していきます。こうして関東軍は満鉄列車爆破の「柳条湖事件」を起こし、直ちに奉天など主要都市への攻撃命令を発して「満州事変」が始まりました。これに対して張学良は蒋介石の方針に従って、関東軍に対して抵抗せずに撤退します。

7.2　関東軍の暴走

関東軍は、中国の満州統一を恐れて「満州事変」を起こしたことにより、満州全域を関東軍の管理下に置くことになります。さらに関東軍は、この地を中華民国から独立させるために「満州国」を建国（一九三二します。

しかしこの関東軍の一連の行動は、日本政府や陸軍の方針を無視した独断専行であり、これに対して日本政府は「不拡大方針」を閣議決定して、これ以上の軍事行動を起こさないように指示します。それでも関東軍はその動きを止めず、さらにその他の都市へも出兵して南満州をほぼ制圧してしまいます。日本政府と陸軍は関東軍の独走に押し切られる形で、当時陸軍の管轄下にあった朝鮮軍の満州への派遣を追認してしまいます。

国際連盟に提訴

こうした日本の一連の動きに対して、中国の国民政府主席の蒋介石は国際連盟に日本の暴挙を提訴します。国際連盟は直ちにリットン調査団を結成して調査をすることを決定します。しかし関東軍は満州国の建国を強行して、清朝最後の皇帝溥儀を天津から満州に連れてきて、大満州帝国の皇帝に就任させます。

一九三二年一〇月に国連のリットン調査団の報告書が発表されました。その内容は、「満州事変は日本の侵略行為である。満州国は地元住民の自発的な意志による独立とは言い難い。」としたうえで「満州における日本の条約上の権益、居住権、商権は尊重されるべきである」としています。つまり、満州事変は侵略であるとしながら、日本の満州での権益は認めるという妥協的な内容でした。こうした判断になった背景には、リットン調査団の構成メンバーは当時植民地政策を進めていたイギリス、アメリカ、フランス、ドイツ、イタリアの各国委員が担当したからであり、自国の植民地政策を守る動きにもつながっていたのです。しかし、付帯事項として「満州国についての紛争解決には、国際連盟派遣の外国人顧問指導の下で行政を行い、満州は非武装地帯として国際連盟下の特別警察機構が治安の維持を行う」としたので、これに日本は反発することになります。当時の国際連盟加盟国の多くは中華民国の主張を支持していて日本は世界各国から強い非難を受け、ついに一九三三年（昭和8年）国際連盟を脱退するという窮地に立たされます。

日本が満州国を建国して支配を強めていったことにより、当然のこととして日本への大豆輸出が急速に増えていきます。こうした中で一九三二年には第一次移民団493名が満州に向けて派遣されます。これら満州移民団は、①我が国の農村の過剰人口対策、②満州国内の日本人比率を高める、③軍や警察に代わる治安維持のために農業経験のある在郷軍人の移民、などを目的として行われたとされています。日本からの移民に対しては、現地にいる中国人居住者の土地を低価格で買い取って立ち退かせる、などの強引な方法で土地を取得して移民してきた日本人に大豆栽培をさせていきます。当然のこととして中国国内ではこれら日本軍の振る舞いに強い反発が起こっていきます。

満州事変後の動き

一九三六年（昭和11年）になると日本政府は「満州農業移民百万人移住計画」で移住政策を本格化し、最終的には約27万人が移民することになります。これら一連の動きに対し一九三一年に、中国共産党は抗日運動の拠点として「中華ソビエト共和国臨時政府」を樹立します。しかし、国民党の蒋介石は日本との全面衝突を避けて中国共産党との争いを優先する道を選び、毛沢東と蒋介石両者の争いが続きます。その後になってこの両者は共同戦線を敷くようになりますが、この時点では蒋介石は「滅共抗日」を掲げて毛沢東共産党に対抗します。しかし、一九三七年の盧溝橋事件が勃発すると、蒋介石率いる国民党と毛沢東率いる共産党が連携して「抗日民族統一戦線」を作り、ここで流れは「日中戦争」へと発展していきます。

もはや話し合いでは解決できないと判断した近衛内閣は「東亜新秩序建設」を旗印に戦争へと突き進むことに転換します。

8　日本企業が満州の大豆事業に

満鉄は多くの事業を展開しますが、そこには大豆の販売業務は含まれていませんでした。それらを担ったのは日本の商社であり、三井物産が最も早く満州に進出します。三井物産は満鉄の経営陣にも社員を送り込み、当初から満州大豆の取り扱いに積極的に参加していったのです。そして、さらにヨーロッパを含む海外への大豆の輸出事業へと拡大していきました。それに続いて三菱商事や日系製油企業などがこれら大豆事業に順次参加していくことになります。日系企業の他にはロシア、デンマーク、フランス国籍の商社がそれぞれに大きな大豆取引へと参加していきます。彼らも地元の糧桟から大豆を買い付けて、自分たちの院内（糧穀置場）か、あるいは鉄道用地内の糧穀置場にひとまず保管しておき、商機を見て商社や油房に大豆を売却していました。

満鉄が推し進めた満州での一連の事業が稼働し始めると、日本政府が掲げた満蒙開発戦略に従って多くの日系企業が満州への進出を始め、満州での大豆搾油事業にも日本が大きく関与していくことになります。三井物産は一九〇七年になると三泰油坊を設立して自らも搾油業に参入していきます。三泰油坊は工場を大連に設置して豆粕や大豆油の製造と販売を開始します。この会社は中国資本との合弁で設立したのが幸いして満州国内での事業も順調に進み、一九四五年の日本の敗戦によって工場が閉鎖されるまで、三泰油坊大連工場の豆粕生産量は、日系企業の油房のなかでも絶えず上位の生産量を誇っていました。

その他にも一九一一年には大連に加藤油房が設立され、豆粕の生産能力４２００枚／日の能力を持っていました。それに続いて翌年には豆粕の生産能力４千枚／日の和盛利油坊が設立され、さらに三菱油坊、大連油脂工業会社、長春にある満洲製油株式会社などが、日系有力製油企業として設立されていきました。しかし、それでも日系企業の満州における豆粕生産量は全体の15・2％に過ぎない状態でしたが、大豆ビジネスは大きな産業へと発展していきます。この時の日系製油企業の事業は、あくまでも国内で求められる肥料用大豆粕をいかに生産するかが目的とされ、同時に生産された大豆油の多くは欧州・アメリカに向けて輸出されていました。

一九二〇年代になると大連をはじめ、満州各地に油坊が乱立するようになります。その結果、過剰な設備能力の状況に陥り、製油各社は稼働率を悪化していくことになり、その生産能力の4割程度しか稼働できない状況に陥りました。日露戦争終結直後から、満州で発展してきた多くの製油企業は一九二〇年代後半になると、世界的な金融危機と満洲内部の諸事情の影響により、倒産が相次ぐようになります。製油事業の中心地、大連でも一九二三年には製油会社が82工場ありましたが、倒産により一九三〇年までに48工場にまで減少してしまいます。

8.1　我が国に大豆搾油事業が

こうして大豆粕の肥料としての価値が広く認められ、輸入量が増大してくると当然のこととして、国内でも大豆粕の生産をしようとの動きが出てきます。一九〇二年には福井県の敦賀で、日本初の大豆搾油企業として大和田製油所が操業を開始し、圧搾法によって大豆油と大豆粕の生産を始めます。そして明治時代の後半にかけて、国内に大豆搾油企業が相次いで建設されていくようになります。国内に旺盛な需要のある大豆粕を生産すると、自動的に大豆油が生まれてきます。しかし大豆油は、なたね油など他の油脂が豊富にある日本では世間から望まれない厄介者だったのです。このように生産された大豆粕と油の需要がアンバランスな状態では大豆の搾油事業は成り立ちません。ところがここでわが国の大豆搾油業者にとって突然のチャンスが訪れたのです。

一九一四年（大正3年）に勃発した第一次世界大戦によってヨーロッパ各国の油脂事業が壊滅状態になり、多くの油脂資源が枯渇するようになります。このことによりヨーロッパからの大豆油の需要と、ヨーロッパから輸入をしていたアメリカからの需要が、同時に日本に舞い込んできたのです。

第一次世界大戦が欧州で始まると、それまで盛んに行われていた欧州での大豆搾油事業が停止してしまい、特に油脂が枯渇するようになります。それに代わる供給源として満洲と日本に大豆油を求めてきたのです。そのことによって国内で必要とされている大豆粕と、欧米で逼迫した大豆油に対する需要が相まって、日本での大豆搾油事業の環境が見事に整ってきたのでした。これに刺激されてわが国の大豆搾油事業は一気に活発になります。一九一五年に１０７４トンであった大豆油の主として欧州への輸出量は翌年には３５４８トンに跳ね上がり、この状態が、第一次世界大戦が終わる一九一八年まで続くことになり、日本の大豆搾油事業を大きく押し上げることになりました。

満鉄の搾油事業展開に課題が

満鉄が大豆搾油技術を開発しようとした狙いは、当時ヨーロッパで必要とされていた大豆油と、日本の農家が求めていた大豆粕を効率よく生産しようとするものでした。当時の満州地方で作られていた大豆粕は、圧搾法による残油分の多いものでした。残油分が多いとその分肥料効率は劣ってしまうので、満鉄は残油分の少ない大豆粕が生産できる技術として「ベンジン抽出法」を開発したのです。ベンジン抽出法による大豆粕は圧搾法に比べて残留油分が極めて少なく、タンパク質の含有量が高かったのです。満鉄中央研究所は４年の歳月をかけてベンジン抽出法による大豆油と豆粕製造法を研究し、その開発に成功して「満鉄豆油製造所」の名称で試験製造を始め、見事試験に成功して目標を実現します。

しかし、満鉄の資料には当時の研究結果について、「今回の試験によって従来の圧搾抽出法に比べて豆粕の品質、油脂の抽出率、更に人件費の節約等において優れていることは明らかとなった。しかし工場の規模拡大に要する費用が膨大なこと、溶剤とするベンジン価格が高騰していること、また従来と異なる撒糟（ばらかす）形体の運搬の費用発生等を考えると、今後の事業継続には検討を要する」、としています。

このように満鉄がこれらを事業化するにあたっての大きな壁となったのは、生産設備の建設資金と、豆粕が従来の丸板型から粒状に変わるために数キロごとに袋に入れる必要が生じ、新たな運搬費用が発生することでした。さらにベンジンの価格が高騰傾向であったことなどの障害が立ちはだかっていたようです。こうした状況にあって満鉄の大連製油工場建設に対して、関係者の反応は極めて厳しく、そのまま事業化に進むことが出来なかったのです。こうして満鉄直営ではなく、この事業を民間経営に任せるべきとの結論に到りました。

民間への委譲にあたっては資金力、信用、経験等から検討を重ね、神戸に本社がある合名会社鈴木商店に委譲されることになります。当時総合商社である鈴木商店は、多角経営を展開しており、満鉄から油脂事業を譲り受けたころの一九一七年（大正６年）頃は、年商15億４千万円という日本のトップ企業でした。ちなみに当時の国家予算は７億３５００万円であり、実に国家予算の倍額の事業を展開する巨大企業だったのです。鈴木商店は満鉄から搾油技術を継承し、直ちに社内に製油部門を創設して大豆油・大豆油粕の製造へと乗り出していきます。

8.2　鈴木商店が満鉄技術を継承

鈴木商店はその当時、油脂関連事業としては朝鮮沿岸部から魚油を集荷、精製して、ドイツをはじめとするヨーロッパ諸国に輸出するという事業をしていました。しかし漁獲量の減少にともない、魚油の生産はしだいに不安定となり、事業の先行きに不安を感じていました。

それに比べて満洲で生産される大豆油は魚油より酸価が低く品質も安定しており、生産コストも安かったというメリットがありました。そのために魚油に代わる油脂事業として大豆油への切り替えを考えたと思われます。さらに満州豆粕の肥料としての価値が国内でも広く認められており、政府も農作物の増産のために、豆粕を普及させる方針を明らかにし、その実現に取り組んでいました。こうした日本での豆粕の需要量が増加していたことも、満鉄の大豆搾油技術に着目したことへとつながっていったと思われます。

当時の鈴木商店は大豆搾油の施設を持っていませんでした。そんなときに満鉄がベンジン抽出法による大豆製品生産技術を完成させたのです。しかもこの大豆搾油事業を満鉄が継続していくことに困難をきたして技術の譲渡を考えていたことから、鈴木商店は満鉄の示す条件に従うことでこれらの技術の譲渡を受けることになりました。

満鉄が鈴木商店に示した条件とは、

① 今後2年の間に現在の2倍の製造能力に拡張すること。
② 現在製油技術の開発に携わっている満鉄の技術員、職工は現在の待遇のまま引き継ぐこと。
③ 現在、満鉄が満洲の農家に試作品として販売していた脱脂大豆の商標「豊年撒豆粕」の名称を継続すること。
⑤ 満鉄が指示する各種の試験は必ず実行すること、但しこのために生ずる設備等の費用は鈴木商店負担と

することでした。

こうして鈴木商店は満鉄が持っていた大連の油脂工場を引き継ぐとともに、社内にも製油部門を新設して、直ちに大豆搾油事業に取り組み始めました。鈴木商店は、一九一七年には静岡県清水に原料処理能力５００トン／日の大型大豆製油工場を建設し、翌年には兵庫県鳴尾と神奈川県横浜にも２５０トン／日の製油工場を相次いで建設し、ここに国内での大型の大豆搾油工場がスタートしたのです。

満鉄が自分たちで開発した新時代の大豆油の抽出技術を鈴木商店に譲るときの条件として、この技術開発に携わってきた技術陣を全員引き継ぐことや、満鉄が満洲の農家に販売していた脱脂大豆の商標である「豊年撒豆粕」の名称を引き継ぐことを求めた背景には、自分たちが開発した技術に対する自信と愛着の深さがあったものと感じています。

これらの技術によって建設された搾油工場で作られた大豆粕の品質は、非常に優れたものでした。一九二五年に満州から輸入した大豆粕と、鈴木商店清水工場で生産された大豆粕の比較データが残されています。それによると、大豆粕に含まれる残油分は、満州から輸入される大豆粕には６％以上もあったのに対して、鈴木商店製油部が生産した大豆粕の残油分は１％未満と優れたものでした。また、大豆粕に含まれる泥などの夾雑物の割合は、満州大豆粕には２％含まれていましたが、清水工場で生産された製品にはすべて除去されていました。さらに満州からの大豆粕の水分は20％と高かったのに対して、清水工場の大豆粕は12％と安定したものでした（豊年製油（株）清水工場報より）。このように国内で始まった大豆搾油事業は品質の高いきわめて安定したものだったのです。

政府も大豆事業の国産化を支援

政府もまた、大豆搾油の国内生産を奨励し、一九〇六年（明治39年）一〇月に中国からの輸入大豆を用いて大豆油粕を製造する場合は、百斤（約60kg）につき47銭の関税を払い戻すことにしました（当時の大豆油粕の百斤当たりの平均販売価格は3円37銭でした）。このことにより大豆粕は、一九一一年（明治44年）から大正2年の3ヵ年平均で全販売肥料の48・9%を占めるようになり、大豆粕の輸入依存率も約64%まで低減されていきます。さらに一九一二年（大正元年）八月には、横浜、神戸の輸入港と、愛知、三重、静岡の一定地域に建設した指定工場に輸入された大豆には、輸入関税を免除することになります。さらに一九一四年（大正3年）四月には大豆油の輸入に対しては、その関税を百斤につき2円50銭へと引き上げ、国内での大豆搾油産業を保護する施策がとられるようになります。

8.3 満鉄の搾油技術は国内で展開される

このように一九一五年、鈴木商店は、当時最先端の大豆搾油法であった「ベンジン抽出法」の特許権を満鉄から取得し、静岡県の清水に大規模な大豆油生産設備の建設を始めました。しかし、当時の周りの受け止め方は、地元新聞（静岡新報、一九一六年五月二五日版）が報じているように「製油工場」ではなく「豆粕製造所」とされており、当時の人たちが期待していたのは大豆粕だったことがここからも伺えます。

こうして日本における大豆油と豆粕の本格生産が始まりました。そのころの日本の大豆搾油工場の処理能力は１００トン／日未満がほとんどの状態でした。大豆油は我が国で最も新しい食用油脂として登場しましたが、当初は先輩格のなたね油などの後塵を拝する立場に置かれていたようです。

この頃になるとわが国の大豆の消費量も増加してきており、年間およそ50万トン前後とされていますが、それらの原料大豆のうち国内産大豆が約40万トン、満州からの輸入大豆が10万トンという状況でした。その当時はまだ大豆の用途のほとんどは醸造用と食用に向けられていましたが、徐々に大豆油・大豆粕の製造が盛んになり、一九一七年（大正７年）には圧搾式抽出工場が15社、抽出式工場が23社となり、原料大豆処理能力は２４９５トン／日に及ぶまでになりました。しかし当時の国内の反応としては、皆が望んでいたのはやはり肥料用の大豆粕であって、大豆油に対する期待は薄いものでした。ところがここで大豆油に思わぬチャンスが訪れます。

一九二三年（大正12年）九月一日に関東地方を襲った大地震（関東大震災）は、この地域に点在していた旧来の油脂製造所を壊滅状態に陥れ、多くの油脂工場が操業できなくなったときに、関東から離れた清水にあった大型大豆搾油工場が脚光を浴びたのです。清水港から積み出された大豆油が東京湾に入港すると、油脂が枯渇していた関東市場で歓喜を持って受け入れられ、初めて大豆油が主役の舞台に躍り出ることになります。

しかし、初めの頃の大豆油はまだ精製度も悪く、赤味がかった品質の劣るものでしたが、その後に改良された新しい精製技術によって大豆油は消費者に受け入れられる「大豆白絞油」として登場するようになります。「白絞油」という名称はそれまでは精製されたなたね油に対する呼称でしたが、新に精製された大豆油が生れたことで「大豆白絞油」と呼ばれるようになったのです。こうして大豆搾油の処理量は一気に拡大していき、一九二四年（大正13年）には13万トンに、翌年には16万トンへと伸びていきました。

これら一連の大豆油製造技術の改良にはもちろん鈴木商店が、そしてそれを引き継いだ豊年製油の技術者の努力によるものですが、満鉄から移籍してきた技術者たちの力も大きく発揮されたものと思われます。こうした製油技術を更に発展させるため、一九三六年（昭和11年）に豊年製油は、当時の東京三鷹村井の頭恩賜公園に隣接する約2万㎡の敷地を取得し、そこに研究所を設立します。そこでの研究の中心を大豆の総合的研究として、油脂部門とタンパク部門の二部制として発足しました。そして一九四二年（昭和17年）にはこれを財団法人杉山産業化学研究所として独立させて、さらなる大豆の研究に深く取り組むことになります。

昭和に入ってなたね油の大量生産も行われるようになったことから、調理用植物油脂は豊富になり「油揚げ料理」は家庭や外食などで広く普及していきました。また揚げ物に使用される油も大量生産が可能となった大豆油となたね油が中心となっていきます。このように日本では古くから使い慣れていたなたね油と、新たに登場した大豆油が現在も共存しており、消費者は店頭で両者を見比べながらどちらの油も抵抗なく購入していく様子がみられています。

9　日中戦争と満州大豆

日中戦争が長期化する様相になると、関東軍はその軍事費用調達のために大量の外貨が必要になってきます。そこで一九三七年には満州国各地に農業合作社を設立し、農家から大豆を最低入札価格で買い取り、その場で大豆輸出商社に販売するという仕組みに変えます。しかしそこで取引された農産物は前年度の51・7％だけでした。満州の大豆農家は、収穫した大豆を農業合作所に持ち込まず、闇市場との取引に逃げたのでした。

こうして、満州大豆は国際商品として海外の情勢に影響される一方で、関東軍が出す満州国の高圧的農業政策によって次第にその力強さを失っていきます。それは満州大豆が日本の戦時体制の中で、主要な換金作物であったことによる過大な期待によるものでした。こうして農民たちは大豆生産に魅力を感じないという状態に陥ってしまい、そのことが大豆の生産量の低下となって表れてきました。一九三九年の大豆出荷量は、前年の３２５万トンに対して１２５万トンと38・５％でしかない急激な減産となっています。しかしこれに対して満州国政府は一九四一年にはさらに新たな制度を導入して、終戦を迎える一九四五年まで農民たちに飢餓的な状態の中で、強制的に大豆の集荷を強いていくことになります。

9.1　満州国の大豆政策

満洲の農民が大豆栽培に魅力を感じなくなっていった過程を、満州国の政策から見てみましょう。関東軍は満州国の建国と同時に統制を強化し、満州国の農業政策に対しても幅広い改革を進めていきました。

まず満州中央銀行によって一定の兌換率を定めて、満州に流通していた各種の貨幣を回収し、その代わりに一九三五年末までに「満州国幣」を流通させます。さらに満州国は、国際商品となった大豆、豆粕、大豆油（大豆三品）の流通を確保するため、一九三三年には従来の満州農産物の穀物問屋であった糧桟を廃止し、一九三五年には日本農産物商社を作り、ここが大豆を農家から直接買い付ける交易市場とし、これを満洲各地に設置しました。さらに満洲国の管理下で、日系企業の穀物問屋が設立されていきます。これらの穀物問屋は、従来の中国側糧桟に代わって満州奥地の大豆、雑穀等の直接買付を行ったのです。こうして一九三〇年代には満州の複雑な金融事情の障害を取り除くことが出来たのです。

こうした新たな環境の中で日系企業は、満州奥地の大豆、雑穀等の買付をすることが出来るようになり、搾油原料の大豆を安定的に確保することが可能となりました。しかしこれら一連の改革は日系企業が一方的に有利になっただけであって、積極的な農業政策が行われたわけではなかったのです。特に致命的となったのは、満州国内の生産実情が充分に把握されないまま、大豆の買付価格などを強制的に設定したことだとされています。そしてこれら日系製油企業優先の農業政策が、満州大豆の生産量を減少させる結果を招くことになるのです。

この時に行われた改革では、まず大豆の買取価格を１００斤に付き大連渡し7円と定めました。この価格が他の雑穀に比して割安だったため、翌年からの大豆作付面積は大きく減少していきます。大豆の買取価格を引き下げたことによって大豆農家の栽培意欲を削いでしまうことになったのです。それまでは大豆の買取価格１００に対して、高粱、粟の価格は70～75くらいの比率で大豆の優位性が保たれていましたが、大豆の価格を引き下げたことによって、大豆価格１００に対して雑穀価格が90と差がなくなったので、農家は高粱などの輪作に影響しない範囲まで大豆栽培を減らしていき、大豆の生産量は大きく減少に転じていきます。

この様子を別の視点から見ると、満州北部地域から大豆を大連に輸送する場合、満鉄をはじめとする鉄道や水運を経由しなければならず、その輸送費は大豆の販売価格に対しての一定の比率で満鉄などの輸送機関や新たな穀物問屋、輸出商社の手数料などとして支払われます。これらの緒費用を差し引くと農民の手取りは、大豆販売価格のわずか33％ということが起こるようになってしまいました。農民はこの少ない手取り代金から種子代や肥料などの資材費用を支払わなければならなかったのです。このように奥地の農家は大豆を収穫しても赤字となってしまうことから、農民の大豆生産に対する意欲が薄れ、大豆生産は次第に低調になっていきます。そして大豆農家の中には、大豆栽培から他の作物へ転換しようとの動きが現れてくるようになります。

そのような動きを大豆の生産量でみると、一九三一年の生産量を１００としたとき、満州国が建国された一九三二 年の生産量は81・６に、翌年には88・０に、さらに一九三四年が68・８へと減産していき、一九三五年には74・４と次第にその力強さが失われていきます。

そしてこのような現象は満州大豆の輸出量にも反映され、一九二九年の大豆輸出量260万トンに比べてその5年後は181万トンになっています。さらに大豆と比べ、大豆粕の輸出量は一九二〇年代の黄金時代から一変して減少してしまいます。それは硫安などの化学肥料の普及に押されて、大豆粕の肥料としての需要が大きく減少してきたことによるものです。そのことは大豆油の生産量にも影響して減少していき、大豆搾油事業全体の停滞へとつながっていくことになります。

こうして満州事変から満州国の建国に至るまでの間に起こった紛争などにより、満州にあった生産設備が破壊されたことと、満州国が積極的な大豆政策を実施しなかったために満州大豆三品の生産量が低下し、輸出も減少していくことになります。しかしこのような状況に対し、日本が主導する満州国政府は積極的な大豆政策を立てることなく、逆に大豆以外の綿花、小麦、麻、甜菜、煙草などの作物への転作を奨励する政策を打ち出していたのです。

9.2 国産大豆の縮小と満州大豆への依存

一方、国内の大豆産業に目を転じると、大正時代の前半までは、日本における大豆の利用は豆腐や納豆などの食材や、味噌、醤油などの発酵調味料の原料として使われていましたが、徐々に大豆搾油用原料としての用途も増大していくことになります。日本国内での大豆搾油事業は一九一八年（大正7年）には原料大豆処理能力も2495トン／日に、さらに国内での搾油事業の他に満州の大連などでも日系製油企業の大豆搾油が盛んに行われていた時代でした。

こうして満州大豆の日本への輸出が増えていくに従い、国内農家による大豆生産量は満州大豆に押されて減少していきます。それは国内産大豆に比べて満州大豆の輸入価格が安かったことと、国内の米の生産量が安定しなかったことによるものでした。こうして明治時代の半ばまでほぼ自給自足で賄っていた日本の大豆生産は、農家の多くが大豆の生産から手を引き、稲作中心の農業へと姿を変えていったのです。このように国内大豆の需要の多くを満州に頼っていったことは、当時の状況から見てある程度仕方なかったところもありますが、その分終戦による満州国の喪失は日本の大豆産業にとって大きな痛手を被ることになります。


満州国政府は農民から強制的に大豆を納入させ、闇ルートへの販売も厳しく監視したことにより、終戦直前の一九四四年には大豆の買収実績は２６８万トンを確保していたことが記録されています。こうして第二次世界大戦の終戦の前年には満州からの大豆輸入は93万トンとピークに達しており、我が国の大豆の供給はまったく満州に頼りきった状況で終戦を迎えることになります。

ところが満州で集荷された大豆の多くは、日本に渡らずに満州に留まったままで終戦を迎えることになります。終戦が近くなると日本海はアメリカ軍の潜水艦によって完全に封鎖され、満州大豆を運搬する日本船の多くは沈められてしまい、満州の港に大豆の山を残したまま終戦を迎えることになるのです。

このように第二次世界大戦中の満州は、日本の主要な食糧である大豆を供給するための重要な基地としての役割を担っていたのです。そのために終戦近くなると、収穫大豆を農家から強制的に買い上げるという構図となってしまいました。そしてそのことは結果的に農家の生産意欲を奪うと共に、満州からの大豆の供給が途絶えてしまったアメリカに、自国生産へのきっかけを与えることになったとも言えます。こうして終戦とともに満州大豆は華やかだった往年の姿を消すことになり、ここからアメリカ大豆の時代を迎えることになります。

10　欧州における大豆の発展

満鉄が満州大豆に着目して事業展開を始めたころから、満州から遠く離れた欧州で大豆に対する関心が高まっていきます。イギリスをはじめとする欧州諸国は植民地政策を推し進める中で、産業革命をきっかけとする工業化の発展によって、その市場としてのアジアに注視するようになっていたのです。

10.1　欧州へ向かって満州大豆が飛躍

ここで改めて欧州に満州大豆が導入され、拡大していった姿を見てみたいと思います。

イギリス

一九〇八 年に三井物産がイギリスのリヴァプール製油会社に向けて、大豆２００トンを輸出したのが、満州大豆のヨーロッパへの進出の始まりでした。ここで大豆油の有用性に気がついたイギリスは、そのわずか2年後の一九一〇 年になると42万トンの大豆を輸入するようになっています。しかしその後は増減を繰り返す状態が続きます。それは、イギリスの搾油原料は従来から棉実、亜麻仁が主体であり、それらの作物の不作による価格の高騰を満州大豆で調整していたからでした。

これら大豆から得られた大豆油は、サラダ油、フライ油、マーガリン原料として使われただけでなく、グリセリンや石鹸などの原料ともされていました。さらに豆粕は家畜の飼料として使われていたようです。そして大豆はイギリスをはじめとして徐々にヨーロッパ諸国に行き渡るようになります。

イギリスではその後、満州から輸入した大豆は東海岸のハル港に陸揚げされ、そこにあるイギリス抽出会社、ハル油脂製造会社、さらには西海岸リヴァプールにあるリビーアンドソン会社などで搾油され、その作業量も急速に増大していきます。

イギリスでは、それまではオランダからマーガリンを輸入していましたが、第一次世界大戦になって英仏海峡がドイツの攻撃によって閉鎖されてしまったことにより、国内でのマーガリン生産に切り替わっていきます。イギリスで生産された大豆油の多くはユニリーバ・トラストに納入されていました。こうしてユニリーバ社はマーガリン製造を大きく拡大していき、世界の各地に工場を拡大していくことになります。大豆油の用途は食品だけでなく、広く油脂化学産業に広がっていき、ペイント、ワニス、爆薬などに使われるようになります。

このようにイギリスは、それまで搾油原料として一時的に満州大豆を輸入していましたが、満州大豆の安価さと共に、副産物とされる脱脂大豆の有効性にも気づき、棉実などの代用品としての見方から、大豆の持つ価値そのものを認識するようになり、大豆の輸入税を撤廃するなど一気に満州大豆の評価を高めていきます。

脱脂大豆は主に家畜飼料として用いられていましたが、一九三〇年前後にはオーストリアのベルチェラー氏が考案した大豆粉製造工場がロンドンに建設されます。この工場で生産された大豆粉は食用としての展開を進めていましたが、その生産量は大きくは伸びなかったとも言われています。

しかし、満州大豆の価値を認識するに伴い、イギリスでは満州から大豆を輸入すると輸送時間が長いことと輸送費用がかかるために、近場での大豆の生産を検討するようになります。リヴァプール商業会議所会頭アルフレッド・ジョンスは、自ら大豆種子を携えてアフリカ西海岸の英国領ガンビア、シエラレオネ、ナイゼリアへ行って、大豆栽培による自国経済圏での自給を目指した活動を始め、栽培に成功したとする記録も残されています。さらに英国領インドにおいても、大豆栽培の取り組みをしています。

一九三四年には、ロンドンの郊外のボーアハムにあるヘンリー・フォード所有のフォードソン・ステートで、20エーカーほど大豆栽培を試み、その結果は想像以上に好成績であり、イギリスでも大豆栽培が可能であるとされましたが、大量栽培には至りませんでした。

このように満州から遠く離れた欧州諸国は、この有用な大豆をなるべく自分の手元で生産したいとの動きが活発に行われるようになります。しかし結果として、欧州のこれらの企画は成功せず、国を挙げて大豆栽培に取り組んだアメリカが、最終的に成功を収めたことは歴史が知るところです。

ドイツ

ドイツもイギリスとほぼ同時に満州大豆に取組みました。戦時体制下における大豆の重要性を最初に認識していたのはドイツでした。ドイツは満州で展開された日露戦争を詳しく検証しており、冬場に展開される戦闘では、大豆が有効であることをすでに知っていました（また、ソ連軍もかつてロシアが日露戦争で敗戦した原因を研究しており、大豆に対する認識をすでに持っていました）。しかし第一次世界大戦が始まる頃は、アメリカもヨーロッパも一般市民はまだ大豆のことを知りませんでした。そして当然のこととして大豆を食べるという認識はなく、大豆はもっぱら油脂原料として使われ、脱脂大豆は家畜の餌か、土壌の肥沃を目的としたものでしかなかったのです。

しかしドイツは第一次世界大戦が終ると、大豆の必要性を強く認識するようになります。第一次大戦が始まる前には、戦争に備えてある程度の大豆は備蓄していましたが、長引く戦争によってそれら満州大豆も使い果たしてしまいました。そこでドイツは戦後になって、第一次世界戦争の反省から、もっと手近で大豆が供給出来るように、欧州内での大豆生産を視野に入れた、大豆の安定供給体制を検討するようになります。

ドイツ南部のフランクフルト・アム・マインでは大豆の試験栽培が行われ、さらにギーセン大学においても栽培試験を続けていました。しかし、ドイツ国内での大豆の栽培コストは満州の5倍かかるとして断念し、バルカン半島ルーマニアでの大豆栽培に切り替えていきます。

この国策を具体的に展開したのが、世界的な事業展開を図っていたIG・ファルベン社でした。同社はルーマニアに大豆種子を持ち込み、同国の大豆関連企業がこれに協力し、栽培可能な村々の農民に種子と根瘤菌を配布して、栽培方法を指導していきました。こうしてドイツは大豆供給先を満州一極依存から脱却するため、第二次世界大戦の直前にはルーマニアで大豆を栽培し、それを輸入するようになります。ルーマニアでの大豆栽培にはドイツが資金を出し、農家に参加してもらうように働きかけていきます。その結果、大豆は比較的順調に育ちました。

しかし、これら地域からの大豆栽培も、一九四〇年の13万６９００haをピークにその後は下降線をたどることになります。この地方の農家はそれまでの小麦栽培に慣れていたので、徐々に大豆栽培から離れていくようになり、大豆栽培は失敗に終わってしまいます。

それまでもドイツは、自国の経済を発展させる重要な原材料として大豆を認識していました。一九三〇年代になるとドイツは満州大豆の輸入を積極的に進め、年間約１００万トンを輸入してハンザ製油工場などで精力的に搾油するようになります。それまではこれらの満州大豆はイギリスの穀物業者を経由して購入していましたが、ナチス政権になってからは直接満州から購入するようになります。そして一九三五年（昭和10年）秋から第二次世界大戦が始まる直前まで数回、ドイツの経済視察団が満州、日本を訪問し、大豆の安定確保などについて話し合いを続けています。

ドイツでは大豆の利用として大豆原油からレシチンを分離し、その応用に早くから取り組んでいます。そして大豆レシチンはチョコレート、マーガリン、果実と混ぜた菓子、バター代用品などに利用されるようになりました。チョコレートにレシチンを添加しておくと、夏季など高温の中にあっても、保護コロイド効果によってチョコレートの品質が安定しているのです。また、大豆レシチンには速効的な栄養効果があるとして、戦争で迫撃戦に移るときに必要な食品ともされていました。

第二次世界大戦の敗戦によってドイツは中国、東南アジアに保有していた直轄地を放棄しており、限られた資源の中で疲弊した国力を立て直すには大豆産業の強化は重要な施策ととらえ、その後も大豆への取り組みは続いていきます。

フランス

フランスもフランス領インドシナにおいて大豆栽培を進めており、１６６０石の大豆をフランスに輸出していたことが記録されています。また、アフリカのフランス領植民地でも大豆を栽培して土着民の食料供給に役立てたいとして大豆栽培にも取り組んでいました。しかし十分な成果にはつながりませんでした。

さらにフランスの発明家シャルル・ルー氏は落花生、大豆などの油糧種子からガソリン代用燃料を作るための乾溜装置を考案し、これを用いてアフリカのフランス領で大豆など油糧種子からガソリン代用燃料を作る計画を立てました。フランスでは国内においても植民地でも、石油の産出がなかったので、代用燃料としての大豆油の活用が求められていたのです。しかし結果として成功しなかったことは歴史が知るところです。

10.2　第一次世界大戦と大豆

第一次世界大戦（一九一四〜一九一八）になると、戦場となったヨーロッパ諸国では油脂原料が不足してきます。イギリスもドイツも搾油産業が戦争によって壊滅的な被害を受けて、自国での大豆油の生産が望めなくなり、急遽満州から大豆油を輸入するようになります。当時の満州からの大豆油の輸出を見ると、一九一六 年におけるヨーロッパへの輸出量は4万1500 トンであり、その6年後には9万7100トンと、6年間で欧州向け大豆油の輸出量は2倍以上に増加しています。

一方、欧州の戦場から遠く離れた日本には、第一次世界大戦で生産力が破綻した欧州各国からの大豆油の注文が殺到し、欧州の不景気とは対照的に好景気が続くことになります。当時の日本は、この大戦前の一九一四年には11億円の債務国でしたが、終戦直後の一九二〇年には28億円の債権国に変わっており、名目GDPも3倍以上の伸びを示しています。もちろんそれらに貢献した主な商品は大豆油ではなかったが、大豆搾油業界も大きな恩恵を受け、その後の大豆産業にとって重要な転換点となりました。

それまでの日清戦争や日露戦争では、自国が当事者であり、戦争によってGDPが伸びることはありませんでしたが、第一次世界大戦は日本を世界の経済大国の仲間入りをさせる、大きな力となったのです。このことによって我が国は農業国から造船・石炭・製鉄を中心とした工業国への仲間入りを果たすことになるのです。

4年間続いた第一次世界大戦は、終盤になってアメリカの参戦で終結を迎えますが、戦勝国側のイギリスやフランスも、敗戦国のドイツも国力は大きく疲弊してしまいます。特に敗戦国ドイツは当時の国家予算の20年分に相当する巨額の賠償金（1320億マルク）の負担などによって国の経済は破綻し、国内では猛烈なインフレが起こります。1月には250マルクだった食パンの価格が12月には3990億マルクと、16億倍に跳ね上がったとも言われています。

こうしてドイツは、満州からの大豆油の輸入を再び大豆に切り替え、自国での大豆搾油を経済の立て直しのひとつの道としたのです。それは大豆にはタンパク質と油脂という国民の栄養を賄う成分を含んでいることに加えて、大豆油の利用開発に期待したのです。そこには油脂化学の技術力に対する自信もあったものと思われます。

10.3 ドイツ、第一次大戦敗戦後の大豆対策

ドイツは敗戦によって帝政が倒れ、共和制に移行（一九一九）すると、小党乱立で政権が不安定となります。そんな中でドイツ労働党（ナチス）が結成され、ここにヒトラーが入党して、国力強化に取り組みますが、その一環として大豆政策にも力を入れるようになります。

ドイツではヨーロッパの中でも早くから大豆に対する取り組みが続いていましたが、一九二八年になると、ラーズロー博士が開発した食用の大豆全粒粉が料理本として出版され、それまでは大豆食にあまり馴染がなかった一般市民も大豆について知ることとなります。そして戦争の気配が濃厚になるとドイツだけではなく、ヨーロッパでも大豆食品の重要性が認識されるようになっていきます。特にドイツでは、大豆はタンパク質

の供給源としていろいろな食品に利用され、また大豆油もマーガリン、サラダ油、石鹸などの原料に使われ、経済的にも重要な資源として位置づけられていきます。当時のロンドン・タイムズ紙も、大豆の栄養価値を評価して「肉の代用となる魔法の豆」という記事を書いています。

また、ベルリンのチャリテ薬科大学では胃酸過多に対する大豆効果を研究し、大豆が胃酸の分泌を抑え、胃の負担が少なくなることを発表しています。このように大豆の活用にも力を入れていきます。

さらにオーストリアのベルチュラー博士が考案した脱臭処理をした大豆タンパク「エーデル・ソーヤ」の普及にも取り組みます。この大豆タンパク粉末をパンやマカロニ、スパゲティ、ヌードルなどに5～10％混ぜ、菓子類には10～25％混ぜることによって栄養が強化することを消費者にアピールしていきます。この「エーデル・ソーヤ」は、１kgが鶏卵58個、牛乳６・５リットル、牛肉３・５kgに相当する栄養価があるにもかかわらず、価格が安いので将来のヨーロッパの食品になるとして、いろいろな食品に混合して市民にアピールしていきます。さらに糖尿病患者用のパンにも大豆粉が使われています。しかし、その消費量は大きく伸びることはありませんでした。この大豆粉は日本の黄粉とほぼ同じだとされています。

第二次世界大戦の直前になると、大豆油が爆薬の製造に不可欠であるとして、満州大豆の確保に取り組むようになります。大豆油を蒸留分解すると脂肪酸とグリセリンに分かれますが、そのグリセリンに硝酸を作用させるとニトログリセリンとなり、これが爆薬になるのです。このように満州大豆はドイツ軍の戦争準備にとって重要な戦略物資の一環としてもみられるようになります。

表13　満州大豆の日本と欧州への輸出量比較

年度	日本（トン）	同比率（%）	欧州（トン）	同比率（%）	満州の輸出量（トン）
1932	450,229	19.7	1,647,837	72.1	2,284,510
1933	497,681	23.0	1,538,196	71.0	2,166,034
1936	697,575	34.5	1,184,238	58.7	2,018,887

「支那の製造工業」（昭和15年発行）より

こうしてドイツでは第二次世界大戦前には大豆の利用が大きく広がっていくことになります。

ドイツは第一次大戦後から、一方では大豆の欧州生産を目指しながらも、満州大豆の輸入を急速に拡大していきます。ドイツ向け満州大豆の輸出量は、一九二〇年が2万2675トンであったのが、一九二五年には33万6193トンになり、一九三〇年には88万9千トンと急速に伸ばしていきます。一九二七年～一九三〇年には満州大豆の総輸出量の38・5％をドイツ一国が占めるまでに至っています。

このようにドイツは国力を増強するためにも、安価な満州大豆が必要であることを強く認識していきます。しかし満州事変以降になると、この満州大豆は日本が抑えてしまったことから、ヒトラーは安定的に満州大豆を確保するために、三国同盟を結んで日本を自分の陣営に組み入れたとも言われています。

一九三一年になるとドイツには大豆搾油工場が次々と建設されるようになりました。**表13**に当時の欧州の大豆産業の隆盛を示したデータがあります。そして第二次世界大戦が欧州で始まり、日独伊の三国同盟がスタートした一九四〇年当時の記録を見ると、満州からの大豆の主な輸出先は日本が41・4％、ドイツが39・7％、デンマークが10・5％、イギリスが7・4％となっています。まさに満州大豆は三国同盟の戦略物資として日本はドイツに優先的に輸出しており、戦争直前の緊迫した局面において、大豆は重要な役割を担うことになるのです。

ドイツでの大豆油生産量は一九三二年になると18万8千トンを記録するところとなり、ヨーロッパ諸国やアメリカに輸出し、第2位の日本を引き離して大豆の輸入量・搾油量ともに世界第1位となります。この頃の満州大豆の多くはドイツのハンブルグに陸揚げされ、そこで搾油作業が行われていました。

このように満州の大豆と大豆油は、戦争の影響を強く受けながらも世界との繋がりを強め、世界の政治経済に敏感に反映していく国際商品へと成長していきました。当時、満州で生産された大豆油の約5割は欧州市場へ輸出されており、大連における大豆の輸出価格が国際市場に大きく影響を与えるようになっていました。こうして第二次世界大戦が始まる前には、大豆油の生産技術はドイツと日本の満鉄が時代の先陣を切って進んでいくことになります。

しかし、ドイツは第二次世界大戦の敗戦によって搾油産業は壊滅状態になり、その後一九四九年まで立ち直ることは出来ませんでした。

10.4　大豆製品が欧州へ持ち込まれていた歴史

このように満州大豆は20世紀初頭より、欧州へ輸出されるようになりますが、大豆の加工品として醤油が日本から欧州へ輸出されていたもうひとつの歴史があるのです。それは満州からイギリスへ大豆を初めて輸出した時代よりも、さらに２５０年以上前の、徳川時代初めの頃の話です。

一六七〇年代には、オランダの東インド会社によって、堺からイギリスやオランダに向けて日本から醤油が輸出されており、一六九九年に出版された本にも醤油を〝Ｓｏｙ〟として記録が残されています。このように我が国の醤油は17世紀の半ばにはすでにヨーロッパに向けて輸出されていたのです。このころの日本の様子についてはドイツの植物学者ケンペル、スウェーデンの植物学者ツェンベリーやシーボルトなどが詳しく紹介しています。そのツェンベリーは「日本の醤油は大変良質で、多量の醤油樽がバタビア、インド及びヨーロッパに運ばれている」と書いています。

一七一二年になるとドイツ人の探検家エンゲルト・ケンペルが９００ページにわたる日本を紹介した本を書いています。これらによって鎖国時代であった日本についての知識が欧州に広まることになり、醤油についても知られるようになります。

16世紀頃の欧州

ここで醤油が日本から輸出され始めた16世紀頃のヨーロッパの状況について眺めてみたいと思います。当時ヨーロッパではスペインが圧倒的な勢力を持ち、ポルトガルと先を争ってアジア、アフリカやアメリカ大陸に対して、植民地支配を活発に展開していた時代でした。スペインは無敵艦隊を柱とした武力を背景に、ヨーロッパで圧倒的な勢力を持っており、他の国はそれに対抗することが出来ませんでした。スペインはアメリカ大陸の植民地から大量の銀を持ち帰り、巨大な富を築いていた時代でした。

当時、オランダはスペイン領ネーデルランドとして、スペインの支配下に置かれていました。スペインの圧政に喘いでいたオランダはついに独立を宣言し、スペインとの間でオランダ独立戦争（一五六八―一六〇四）を展開することになります。しかしオランダにはスペインの無敵艦隊のような強力な戦力がありませんでした。そこでオランダは、自国の武力を強化するためには国の経済力強化が必要と考えて海外貿易に活路を見出すことにしたのです。こうして16世紀後半になると、新興国オランダとイギリスが海外交易を求めて乗り出してくることになります。

オランダは一六〇二年、後の株式会社のルーツとも言える組織、「東インド会社」を設立します。この会社は市民たちからも出資を募ると共に、国からは外国の領主と独自に契約を結ぶ権利を与えられる、など大きな権限を与えられている組織でした。そして東インド会社は世界各地に貿易船を送り出し、特にアジアでの貿易を独占するようになります。こうして当時世界通貨として通用し始めた銀貨を使った商取引による世界展開を始めるのです。

日本は当時、世界でも有数の銀の産出国であり、その埋蔵量は世界の1／3を占めていたとされています。

この日本の銀貨を得るために、オランダは日本との貿易に力を入れるようになります。そして東インド会社は、徳川幕府が欲しがっていた鉄砲などの武器などを大量に持ち込み、その代金として銀貨を得ていたのです。こうした交易の中で日本からの輸出品の中に醤油が含まれていたのです。

その頃にはすでに、日本へはポルトガルやスペインなどの旧教国が、貿易と共にキリスト教布教のため、多くの宣教師を入国させていました。キリスト教布教を伴わない新教国であるオランダとイギリスも、一六〇九年と一六一三年に相次いで長崎、平戸に商館を開いて貿易を始めています。

貿易による経済活動の高揚を期待していた家康は、宣教師による国内での布教について、初めのうちは黙認していましたが、一六〇五年頃になると国内のキリスト教信者が70万人に達したことから、一六一二年とその翌年に「禁教令」を出します。徳川幕府2代目の秀忠もヨーロッパ船の寄港地を平戸と長崎に限定しますが、「島原の乱」をきっかけとして幕府はキリスト教撲滅へと転換していきます。そしてキリスト教布教を伴っていたポルトガルやスペインとの貿易を停止することになり、一六四一年には外国船の入港はオランダと中国の船だけとなるのです。

日本は鎖国の時代に入り、外国人の入国が許されなくなりますが、布教活動を伴わないオランダの東インド会社の社員だけが、長崎出島のオランダ商館に入ることが許されていました。しかし幕府はこれらの外国人に、日本語を教えることも日本の書籍を与えることも認めていませんでした。そのような中でもドイツ人のエンゲルト・ケンペルは自分につけられた下僕に、オランダの薬などを分け与えながら少しずつ彼らの気持ちを和らげ、日本語を独学で学び、日本の書籍やいろいろな資料を集めていったのです。一七一二年、彼の死後に出版された書籍の中で彼は、大豆とその加工品について詳しく説明しています。ケンペルは日本滞在中に自分で得た情報を、自国に戻ってから本にし、日本について詳しく紹介したことにより、一気に醤油についての知識が広まることになります。しかしそこには醤油の原料が大豆であることはまだ明記されていませんでした。

このように17世紀の半ばには、オランダの東インド会社によって、堺から輸出された醤油がイギリス、フランス、オランダなどで使われるようになります。これらの醤油はヨーロッパに持ち込まれて、きらびやかな宮廷料理を楽しんでいた、貴族たちの調味料として使われていたようです。フランス王ルイ14世もこの東洋から来た神秘的な調味料を愛好していたことがわかっています。

ヨーロッパの人たちは醤油を輸入しながら、日本人が発音した「ショウユ」という言葉が「ソイ」と聞こえていたのではなかったかと思われます。彼らは、当初はこの醤油が何によって作られているのかについて全く知りませんでしたが、徐々に大豆で作られていることがわかるにしたがって、醤油(soy)を作る豆(bean)として、大豆を「ソイビーン」(soybean)と呼ぶようになったのです。

こうして17世紀の日本は、一方では鎖国政策をとりながらも他方ではオランダ貿易を窓口とした海外への交易の道を開いていたのでした。その役割を果たしていた商品のひとつが醤油だったのです。このように醤油は日本の大豆製品がヨーロッパに伝えられた最初の商品だったといえます。そして醤油の味がヨーロッパの人たちの味覚に合致していたからこその展開ではなかったかと想像しています。また少し時代が下がりますが日本の醤油は欧州だけでなく、アメリカに対しても日本の醤油メーカーが早くから輸出を始めており、その勢いは今では欧米で広がっている和食ブームとなって、今後も更に拡大していくのではないかと想像しています。

大豆の加工食品である醤油とは別に、大豆も観賞用として、何らかのルートで欧州に持ち込まれていたと想像されます。しかし大豆がヨーロッパで栽培された記録は遅く、一七三七年にオランダ人リナエスが自分の庭に大豆を植えていたことを書いたのが最初です。それに続いて一七三九年には中国にいた伝教師によって大豆がパリの植物園に持ち込まれ、一七九〇年にはイギリスの王立植物園に、一八〇四年にユーゴスラビアの植物園に、いずれも植物分類学的目的や観賞用として植えられていたようです。そして一九〇八年になると満洲から大豆が持ち込まれて大豆製品の商業活動が始まるのです。

11　アメリカ大豆について

11.1　アメリカへ渡った大豆

アメリカへ最初に大豆を持ち込んだ人物は、サムエル・ボーエンというイギリス生まれの船乗りでした。彼は一七五八年にイギリスから清国に向けて航海をしていました。そして翌年広東に到着すると、そこで同伴船のサクセス号に乗り換えてさらに天津へと向かいます。この頃の清国は広東以外での対外貿易を禁止していたので、ボーエンはそこで捕われてしまいます。この頃の清朝の外交は近隣諸国の王が清の皇帝に貢物をし、それに対して高価な返礼をするという朝貢を基本としていました。これら朝貢関係にない外国に対して開かれていた港は広州一港だけだったのです。

このボーエンの航海は東インド会社が、清国との交易を開くために彼に依頼したものでしたが、清の皇帝は外国からの侵略を恐れて彼を拘束してしまったのです。当時の東アジアの国は、清国だけではなく、国同士の外交という考え方がまだ無かった時代でした。東アジア諸国が欧米諸国と国同士の国交を始めるのは、清国がイギリスと戦ったアヘン戦争（一八四〇）以降のことで、南京条約という不平等条約が結ばれてからのことです。この時に清国はイギリスに続いてアメリカ、フランスとも同様の条約を結ぶことになります。アメリカは一八五三年になると、ペリー提督率いる黒船で浦和沖に現れて日本に国交を開くよう要求し、いったんは帰国しますが、翌一八五四年に再び来航し、「日米和親条約」を締結し、日本もここで初めて外国との国交を開くことになります。

ボーエンは4年間の投獄の後釈放されますが、このことも中国の記録に残されています。彼は釈放された後、一七六三年に英国に引き返して航海依頼主から一七五八年からの5年間の賃金と慰労金として合計約80ポンドの報酬をもらっています。彼はその金を持って一七六四年米国ジョージア州サバンナに移住することになります。その時、彼は中国から持ち帰った大豆をアメリカに持ち込み、税関長のヘンリー・ヨングに渡して大豆を自分の畑に蒔くよう持ちかけています。翌一七六五年ヨングは自分の農場にこの大豆を蒔きますが、これがアメリカにおける最初の大豆栽培だったと考えられます。

ヨングは一七六六年にロンドンにある団体役員に宛てて次のような書簡を出しています。「サムエル・ボーエンが最近清国から当地へ持参したPease またはVetch と称するものは、ボーエンの依頼により私が昨年栽培しました。3回も収穫することが出来ましたが、一週間以上もの霜に耐えることができるので、この地で栽培する4番目の作物として取り上げるべきだと思います。その理由として、このマメは簡単に増やすことが出来るので、この土地や皇帝陛下の支配下にあるその他のアメリカ南部地方の土地に、大きな利点や利益をもたらすであろうと思うからです。」

こうしてボーエンが持ち込んだ大豆は、アメリカの大地に育ち最初の大豆を稔らせたのです。

何故ボーエンは清国を去るときに大豆を持ち出したのか、それは清国で捕らわれていた時、清国の船乗りたちが、遠洋航海するときに大豆を持ち込んで、それを船上で大豆もやしを作りながら、長期の航海を無事にしている噂話を聞いていたからでした。壊血病はビタミンCの欠乏で起こる病気ですが、16世紀の航海時代になると長い航海をする乗船員達が、歯茎や粘膜からの出血で悩まされ、さらに死に至るという病気だったのです。航海中に乗組員全員が死んでしまった「幽霊船」が起こるのもこの時代でした。船乗りだったボーエンは敏感にこの大豆の有用性を感じ取りイギリスへ帰る航海でも、その後のアメリカへの航海にも船の中に大豆を持ち込んでいたのでした。彼はそのことを後に手記で書いています。

ボーエンはサバンナで税徴収官の娘と結婚し、ここに534エーカーという広い土地を手に入れて農業を始めています。またボーエンは大豆を新大陸に導入したことにより英国政府から表彰されています。記録によると、彼はその後、英国革命戦争において王制側で戦い、一七七七年一二月に死亡しています。

アメリカ合衆国が建国されたのが一七七六年ですから、これらの記録はアメリカの中には残っていません。このボーエンがアメリカに持ち込んだ大豆は、その後も栽培が続けられたという記録はなく、途絶えてしまったようです。当時はまだアメリカは独立前であり、アパラチア山脈を越えた先はフロンティと呼ばれていた時代でした。このように大豆はアメリカが建国される前にはすでにアメリカの地に持ち込まれていたのです。

アメリカへの、その後の大豆の持ち込みについては、記録に残っていないものも含めていくつかあったことと想像しますが、日本が関係した2つの特筆すべき出来事があります。その一つは一八五一年に遭難して救助された日本人が、アメリカに大豆を持ち込んでいるのです。一八五〇年一二月に香港を出航したアメリカ商船トークランド号は、日本の約600マイル沖合で、小型船に乗った17人の日本人漁労民を救助します。彼ら日本の漁師たちは測機儀、航海図その他種々の品物が入った小箱を持っていましたが、その中に大豆も入っていたのです。日本の漂流民を救助したアメリカ帆船は、日本人を乗せたまま一八五一年三月にサンフランシスコの港に入港します。彼らは検疫のために隔離されましたが、この時に検疫を行ったのがイリノイ州出身の医師エドワードでした。彼は日本人からこれらの大豆をプレゼントされており、これを"Japan Pea"と記録に残しています。

エドワード医師はこの大豆をイリノイ州アルトンに持ち帰って、園芸が趣味の友人に贈っています。その後この大豆は一八五二年には農業委員会（一八六二年に農務省が設立されるまではこの農業委員会が農業関係を担当）に渡されて、イリノイ州からアイオワ州、さらにはニューヨーク州などの農業機関や農家に配布されて栽培されています。イリノイ州といえば今やアメリカでの大豆生産の中心地ですが、この地に最初に持ち込まれたのが日本大豆であったということになります。一八五三年にはこれらの栽培報告書が提出されています。

もう一つは、一八五四年に日本に来航したペリー提督が、日本から2種類の大豆をアメリカに持ち帰り、やはり農業委員会に提出しています。そのときの記録では大豆のことを"Soja bean"としています。この大豆種子もアメリカの農民に配布され、各州の農業委員会からその栽培報告書が出されています。

11.2　アメリカ大豆の立ち上がり

19世紀の半ばからアメリカ農業は大きく動き出します。一八六二年になるとリンカーン大統領によって連邦農務省が創設され、いくつかの農業推進制度が制定されます。大豆については、初めは物珍しい作物として眺められていましたが、そのうちに青刈りや干し草にして家畜の飼料としての利用や、緑肥として直接田畑へ鋤き込んで利用されるようになります。そして19世紀最後の20年間は大豆に対する動きが活発になり、いろいろな研究機関が大豆の試験を始めるようになります。

ラトガス大学での大豆栽培試験の発表(一八七八)、テネシー大学での大豆の干ばつ耐性の評価(一八八一)、コーネル大学では家畜飼料としての報告（一八八二）が出されています。さらにはサウスカロライナ州の農事試験場でも大豆を栽培し、1エーカー当たり10～15ブッシェルの収穫があったとの報告（一八八九)、カンザス州農事試験場での栽培試験（一八九〇）と､干ばつ耐性と飼料の価値を高く評価する報告（一八九一）などの記録が残っています。さらに一八九〇年代になると各地の農事試験場から次々と研究報告が出されるようになります。

19世紀末にはカンザス州農事試験場で大豆の栽培法、生産コストなどについて本格的な検討結果が発表されました。アメリカ農務省もアジアでの大豆種子の栽培や利用についての調査活動など、大豆に対する取り組みが始まっており、一八九九年には大豆の報告書が出されています。
こうしてアメリカにおいて、大豆に対する関心が高まったところで19世紀は終わります。

アメリカ大豆の幕開け

20世紀初頭のアメリカの農民たちの大豆に対する見方は、まだ牧草の一種として見るか、あるいは緑肥として小麦やトウモロコシなどに対する、肥料効果を期待して栽培されていた程度でした。だから当時の栽培地域は現在の主要な大豆生産地域とは違って、南部の諸州がその中心地だったのです。一九二〇年代になると生産地は順次北西部に移っていき、一九二四年になると現在のコーンベルト地帯の中心地であるイリノイ州がトップの大豆生産州となり、続いてインディアナ、テネシー、ノースカロライナ、ミズーリ州と続くようになります。そしてもう少し時代が下がり、大豆の種子が収穫されるようになり、さらに搾油作物としての評価が高まるとさらに栽培地域の集中化が起り、搾油工場の周辺地域での大豆栽培が盛んになってくるようになります。それは、当時としては大豆種子を遠くまで運ぶことには大変な労力を要したからでした。

アメリカにおいて大豆の生産量や栽培面積などの統計資料が出されてくるのは一九二四年からです。それ以前の大豆生産についてては必ずしも正確だとは言えませんが、断片的に残されている資料によると、一九〇七年の大豆の栽培面積は5万エーカー以下であり、10年後の一九一七年には50万エーカーに広がったとされています。そしてこれらの大豆も、その大部分は緑肥として畑に鋤き込み、トウモロコシや小麦栽培の肥料とされていたものと、干し草として家畜の飼料に使われていたものだったのです。

大豆種子が公式統計として現れるのは、一九一九年の3万トンが最初であり、続いて一九二四、二五年にはそれぞれ13万3千トンとなります。その後一九二九年には24・5万トンへと増加しますが、ここからアメリカの大豆生産にドライブがかかるようになります。

それは大豆の栄養価値が認識されるようになったことと、当時の大豆の供給国の満州が、日本に抑えられることに対する危機感が高まったことによるものです。それまではアメリカの大豆産業は満州からの原料大豆の輸入に頼っていました。ここで政府は自国の大豆産業を保護・育成するために、満州からの大豆輸入に高い関税をかけて自国生産を保護するようになります。

さらに第二次世界大戦が始まると連合国から戦時体制に必要な大豆の供給依頼がアメリカに集中したことにより大豆の価値が大きく見直されるようになります。その結果、第二次世界大戦の開戦時（一九三九）に247・5万トンであったアメリカ大豆の生産量は、3年後の一九四二年には520万トンへと急速に生産量を増加させていきます。このようにアメリカの大豆生産は、最初の統計資料が示された一九一九年からの10年間、さらに一九二九年からの10年間でそれぞれ10倍と生産量を大幅に上げるとともに、世界戦争がさらにアメリカ大豆を押し上げていくことになります。

11.3　アメリカで大豆栽培が立ち上がる背景

アメリカで大豆の栽培が定着していく過程で、それを支えたいくつかの出来事がありました。それについて眺めてみたいと思います。

⑴　干ばつに強い作物との評価

そのひとつとして、アメリカの農作物の中で大豆が干ばつに強い作物とみなされていたことでした。19世紀末から20世紀初頭にかけて、アメリカには多くの農業移民がやってきます。その多くの人たちは大平原を開拓しながら小麦などの穀物生産をしていました。新たに畑を開拓して、より収穫を高めようとの心意気によって、彼らは精力的に畑を耕していったのです。そのことによって深く耕された土壌の乾燥化が始まります。図6は、一九三五年テキサス州ストラトフォードで発生した「ダストボウル」（砂嵐）の光景です。アメリカの農家は一九三五年を中心とした数年間は、こうしたダストボウルによる沙漠化に苦しんでいたのです。

図6　ダストボウル（砂嵐）

ウィキペディア（Wikipedia）：フリー百科事典
最終更新 2022 年 12 月 14 日

アメリカでは一八三七年にジョン・ディアという鍛冶屋が2頭の馬で引く犂（すき）を開発しました。この犂の普及によって中西部の草原は急速に開拓が進み、多くの入植者が入って耕作地を拡げていくことになります。この農家にとって有難い犂を皆は愛情をもって「プレーリー・ブレーカー」（草原の開墾者）

と呼んでいました。しかしこの犂を使って小麦やトウモロコシなどの作付けをするために畑を掘り起こしたことにより、40万㎢に及ぶ農地の乾燥と荒廃が始まります。雨や風による表土の喪失と、さらには干ばつが重なったことにより作物は壊滅状態になりました。実はこのハイプレーンと呼ばれる耕作地の地下には大量の地下水が眠っていたのです。しかし当時はそのことについてもまだ知られておらず、これらの地下水を利用する技術もありませんでした。

このダストボウルの少し前に第一次世界大戦がはじまると、戦場となったヨーロッパでは農地が踏み荒らされて農作物が収穫できなくなり、ヨーロッパに向けた穀物輸出が活発になります。特にヨーロッパから海を隔てたアメリカには多くの穀物の注文が集中しました。こうしてアメリカでは収穫された穀物には高値が付き、農民は耕せる土地は手当たり次第に耕していったのです。そして掘り起こされた耕地が拡がるにつれて、耕地の乾燥が頻発し、干ばつが繰り返し起るようになったのです。特に一九三四年から一九三六年にかけての砂嵐が激しく、この時期にはたびたびダストボウルが起こり、春の突風にあおられた砂嵐は5千mの上空まで舞い上がり、黒い渦をまいて農地を吹き荒らし、まさに「死の土地」と化してしまいました。こうして農地の40万haがサハラ砂漠のように荒れ果て、３５０万人が土地を追われるという最悪の状態に陥ったのでした。この時の様子についてはスタインベックの「怒りの葡萄」という小説に詳しく書かれています。この悲惨な状態を脱するために、アメリカ政府は直ちに「土壌保全法」を制定しましたが、このころからアメリカ農業は風雨による土壌の喪失との戦いが始まったのです。

アメリカ政府はこの土壌保全法の一環として、干ばつに強いとされている大豆などの作物を指定し、これらの指定作物を栽培すると補助金が出る仕組みを作りました。すでにいくつかの栽培試験によって、大豆が干ばつに強い作物であるとの報告があったからです。こうして干し草用大豆と畑へのすき込み用と見られていた大豆は、さらに土壌保全用作物にも指定されることになり、栽培地域を広げていくことになります。

大豆には干ばつに強いことの他に、トウモロコシより遅く播種してもよく育つ、という利点がありました。またその収穫期もトウモロコシとダブらないことなどから、農民にとっても非常に栽培しやすい、都合のいい作物だったのです。激しい降雨や後霜などの天候不良によって、トウモロコシの播種や発芽が悪かった時に、その転換作物として栽培できる大豆は、農家にとって便利な作物だったのです。こうして大豆は、春先の被害を受けたトウモロコシの後に植える作物としても奨励されていきます。また多くの農家では輪作が行われていましたが、そこでは大豆がそれまでのエンバクに代る有効な作物とみなされ、多くの農家では大豆、トウモロコシ、小麦の輪作を行うようになっていきます。さらにトウモロコシを大豆の後作で栽培すると収量が上がるという研究報告もあり、輪作の仕方も大豆を中心にいくつかの組み合わせが取り上げられ、農家の間では大豆の作付けに期待が高まっていきました。

もうひとつ、このダストボウルに対する対策として検討されていた中に、春の大豆の播種時に耕地を耕さない「不耕起栽培」が提唱されるようになります。一九四〇年代には春先の風の強い時期に表土を掘り起こす、従来の方法に対して疑問の声も上がっていましたが、多くの農家は長年にわたり春の種まきの前に耕すことは正しいことと信じ込んでいました。

耕すことによって種子が均一に発芽し、さらに土壌中の有機物が掘り返されて空気にさらされることにより、それらは分解されて作物の成長を促進させると思っていたのです。前年の秋に作物を採り入れた後に、生えてきた雑草をそのままにして種まきをするということは、雑草に埋もれて発芽してきた作物が元気に育たないのではないか、とも思っていました。やはり一番の懸念は雑草に対する不安だったのです。

しかし、少しずつ不耕起栽培に対する支持者が現れ、不耕起栽培をしても収穫量に不安がないことを知るようになり、この農法の普及が少しずつ広まって、今では大豆栽培に不耕起栽培が定着しており、ダストボウルも今や昔話になっています。

(2)　大豆品種改良に貢献した人々

アメリカで積極的に大豆栽培をしていこうとすると、どうしてもアメリカの土地と気候に適応した大豆品種を、見つけることが必要になってきます。その大豆の品種改良に大きな足跡を残した功労者は、大豆の遺伝資源を収集したW．モースでしょう。モースはコーネル大学を卒業すると同時に大豆と深くかかわっており、すでにその頃に「大豆」という本も書いています。彼は一九二五年にはアメリカ大豆協会を設立して3度にわたり、その会長を務めています。そして一九二九年から3年間、同僚ドーセットとともに、日本・満州・朝鮮への大豆の遺伝資源の探索旅行に出かけます。それは彼らがワシントンＤＣ近郊で行った大豆の試験栽培により、適正な大豆種子を選択することによって、収穫量が大きく影響を受けることを知り、より良い大豆種子を探すために探索旅行を思い立ったのでした。この頃アメリカで栽培試験に供していた大豆品種は、たったの8種類だけだったと言われています。

当時のアメリカは、ちょうど農業国への幕開けを迎えていた時期でもあり、農民達は新しく導入された大豆に大きな期待をかけていました。当初、大豆はトウモロコシや小麦栽培を安定させる輪作の一環として取り入れられ、農地の肥沃、連作障害の回避、農作業の分散化などを目的として栽培されていました。それらは大豆の種子を収穫するというのではなく、土壌に窒素分を取り入れて、次年度の小麦などの作物の収量を高めるのが目的でした。しかし、アジアやヨーロッパでの大豆に対する利用の情報や、高タンパク、高脂肪という品質面での特性が認識されるにしたがって、商業作物としての期待が高まってくるようになります。

一九二三年に出版された、モースとピッパーの二人のアメリカ農務省技官によって書かれた大豆の本にみると、この頃すでに緑肥効果・サイレージなどの利用法にとどまらず、大豆種子の生産についても、広く検討されていた様子がうかがわれます。そこに記載されていた大豆の利用法についても、大豆油の使い方の他、枝豆や大豆モヤシ、さらには豆乳や大豆カゼインなどの利用について記載されている他、アジアでの大豆の使われ方として豆腐、凍り豆腐、納豆、湯葉、味噌についても詳しく書かれており、大豆が幅広く利用されている状況を示すものとして注目されています。

一九二九年二月、モースとドーセットは、日本へ大豆の探索旅行に来た当時、彼らはアメリカ農務省の研究員でした。彼らは東京の帝国ホテルに投宿し、ここでアメリカ大使館の援助を得て、日本人の通訳兼助手を雇い、さらに三会堂ビルの2階を借りて、ここに暗室と実験室を設置しています。そして四月～一〇月まで、本州から北海道にかけての広い範囲で、大豆などの探索・収集活動を行っています。さらに一〇月の後半～一一月にかけて朝鮮半島に渡り、同様の収集活動を行っています。この時に彼らは朝鮮半島で、ソ連の有名な植物学者であるニコライ・ヴァヴィロフと遭遇しています。ヴァヴィロフはレーニン賞も受賞しているソ連の作物研究の責任者でしたが、後にルイセンコ一派の陰謀によって投獄され獄死したとされています。彼らは一緒に朝鮮ホテルに投宿しており、翌日には3人で朝鮮総督府水原農事試験場に行き、そこでも大豆の遺伝資源などの調査をしています。モースとドーセットは朝鮮から再び日本に戻り、今度は一九三〇年の三月まで日本の大豆産業について調査しています。

三月からは満州の大連に渡りますが、ここでドーセットは病気（肺炎）になり、ここからはモースの単独探索旅行となります。モースは満州一円を広範囲に調査し、この地域の大豆の栽培状況、市場の様子、加工技術など全般にわたって調査し、大豆種子の収集なども行っています。この頃には大豆の有用性が広く知られていたので、満州へはいろいろな国の植物学者が、遺伝資源の収集に来ていたようです。前述のソ連のヴァヴィロフの他にも、ドイツの大豆研究者L．ミラーも収集に来ており、彼らも満州や日本で大豆の調査研究をしています。

このように一九二〇年代の終わりから一九三〇年の初めにかけて満州は大豆資源の探査収集で先進国から注目されており、その後の東欧諸国での大豆栽培には、ミラーの収集した遺伝資源が大いに貢献したとされています。モースは一九三〇年一二月に満州から再び日本に戻り、大豆粕の利用に関する調査報告書を作成し、翌一九三一年二月に帰国の途に就いています。病を押して最後までモースと別行動で調査活動をしていたドーセットも続いて帰国しています。

二人の探索旅行の成果

モースとドーセットがこの探査旅行（正式名称はOriental Agricultural Exploration Expedition）で収集した資料は全部で9千点の種子とその他の遺伝資源でした。このうちの半数が大豆であり、残りは230属にわたる植物資源でした。彼らは個人的な伝手を頼って、野菜や果物市場、食品や花卉の展示会、農事試験場、植物園、種子会社、農園、大豆その他の食品加工工場、さらには原野や畑などから各種資源を収集していたのです。この調査・収集活動には日本の満鉄も協力しており、彼らは満鉄の研究員からいろいろな助言、サポートを得ていたとされています。

このような活動の成果は、その大部分を5枚のシートからなる植物標本集として残しており、これを合計814冊作成しています。持ち帰った大豆は最初、バージニア州の農場で簡単な評価をした後、オハイオ州の農場へ移してここで増やし、最後に全国の農事試験場に配布して栽培試験に利用されています。この収集旅行によって集められた大豆種子は、その後のアメリカ大豆の品種改良に使われ、耐病性を持った大豆の品種改良や、さらには耐虫性、特に土壌線虫耐性品種の開発や収量増加などの研究に大きく貢献しています。

モース一行の探索活動の多くは日本と満州で行われていました。当時の満州での大豆事業の主体は満鉄が行っていた時代でもあり、日本ではもちろん満州や朝鮮においても、その調査活動の支援には日本の担当者が案内し、サポートしていたのです。しかしあまりにも徹底した彼らの調査に、対応した満鉄幹部は非常に危機感を抱いたという記録が残されています。しかし、「結局は、大満鉄としての襟度を示し、最後まで彼らの調査に対して好意的な援助を行っていた」と、モースの案内人を務め、後の「大豆の栽培」の著者でもある佐藤義胤氏は書いています。こうして我が国は彼らの資源探索活動に対して全面的に協力していたことがわかっています。

彼らが持ち帰った大豆種子をベースにアメリカ農務省の試験場では品種改良を繰り返し、41品種がアメリカの大豆種子として完成しています。それらの中には「めのう」、「皇帝」、「富士」などという日本名がついた大豆もあったようです。こうして品種改良された大豆は飼料用としてよりも、むしろ枝豆など食用として用いられる品種になっているようです。アジアから持ち帰った遺伝資源としての大豆は、その後も品種改良のベースとして活用され、アメリカ大豆の急速な生産拡大の大きな礎となっていることは間違いありません。ドーセットは探索旅行が終わると、農務技官を退官していますが、モースはその後も農務省に留まって大豆の研究に取り組み、アメリカ大豆の発展に貢献しています。

(3)　土壌細菌の育成

アメリカ大豆の黎明期には、大豆栽培にとっていくつかの越えなければならない課題がありましたが、その代表的なものとして、すでに記した大豆種子の改良と共に土壌の改良があります。特に大豆を始めて栽培するアメリカの農家にとっては、土壌中の大豆根瘤菌の育成は大きな課題でした。

アメリカ農務省は一八九八年から本格的に大豆栽培に取り組みますが、ここで大豆育成に必要な土壌細菌である根瘤菌の壁が立ちはだかることになります。大豆を新たな農地で栽培を始めるときに、その土壌にマメ科植物の根に寄生する根瘤菌が棲み付いているかどうかが、大豆が順調に生育できるかどうかの決め手になるのです。大豆根瘤菌には空気中の窒素ガスを取り込んで菌が寄生している大豆に窒素を栄養として供給するという能力があるのです。アメリカの農地にはまだこの大豆根瘤菌が棲み付いていなかったので、大豆が十分な生育をすることが出来なかったのです。

しかしヘルリーゲル教授がこの根瘤菌を土に混ぜることによって窒素同化作用が起こることを発見したことにより、アメリカ農務省が中心となって、この大豆根瘤菌を広める取り組みを始めます。大豆の栽培が始まった初期には、前年度に大豆を栽培した農地の土壌を翌年には別の畑に運んで根瘤菌を広める、という地道な対応から始めたのです。しかしそれでは大豆の栽培面積を広げることは遅々として進まなかったので、農務省が大豆農家に指導したのが、大豆種子に根瘤菌をまぶして播種するという方法でした。この方法を農家が取り入れたことによってアメリカの農地では、急速に大豆畑を拡大していくことが出来たのです。そしてこの方法を取り入れたことによって単位面積当たりの収穫量が3～4倍に伸びたとされています。

こうした取り組みによってアメリカ大豆発展の基盤が整っていくことになります。

(4) 地下水の利用

ハイプレーンズと呼ばれる平原地帯の地下に、水層があることは早くから知られていましたが、それを農業生産に利用しようとの動きはありませんでした。一九四〇年代になって本格的な調査が行われ、それら帯水層はコロラド州全体が12mの深さに沈むほどの、膨大な水量であることがわかりました。これらの地下水は「オガララ帯水層」と名付けられました。その水量は五大湖のヒューロン湖に匹敵するもので、さらに北はサウスダコタ州から南のテキサス州までに広がっていることも明らかになりました。

第二次世界大戦後に高度な掘削技術が開発されると、この技術を利用した灌漑システムが導入されて、オガララ帯水層の水を使った穀物生産が始まります。これによってそれまでは荒れ果てた平原であった地域が、アメリカを代表するような豊かな穀倉地帯に変身することになります。こうして大豆を主体としたアメリカ農業は、オガララ帯水層の水を吸い上げて栽培した穀物と、それらを使った畜産農業で拡大していきます。始めのうちは風車を使って地下水を吸い上げて農地に散水していました。この状態ではオガララ帯水層の水量が減ることはありませんでしたが、大型の灌漑施設が開発されるようになると、それらの技術を活用した農地が急速に広がります。こうしてコロラド州などで見かけるスプリンクラーを使って、丸く散水する農場が普及していくことになります。そして地下水を利用した農業が普及したことにより、オガララ帯水層へ流れ込む水量をはるかに超える地下水が使われることにより、現在ではこれらの地下水は大幅に減量して、当初の１／３以下になっていると言われています。そしてこの地域の農家には、この土地が再び砂漠化してしまうのではないかとの心配が広がっています。アメリカでこれらの地下水がなくなれば、単にアメリカだけの問題ではなく、世界の食糧供給が大きな危機に直面することになります。持続可能（サスティナブル）農業にどう取り組むか、アメリカ農業が直面する大きな課題であると言えます。

これら地下帯水層の水利用はアメリカだけにとどまらず、アラビア半島、トルコ、シリア、イラク、イラン、インド、バングラデッシュ、中国、オーストラリアなどでも畑の灌漑用水として地下水を使った農業が盛んに行われているのです。二〇五〇年には世界の人口が１００億人を超えるのではないかと想定されており、世界の地下帯水層の枯渇は地球上の食糧危機に直結している問題でもあるのです。

二〇二二年度は猛暑と干ばつが世界を襲い、各地で水の奪い合いが起こりました。南北アメリカ大陸、欧州南部、中央アジア、アフリカなどでは干ばつによる食糧の減産が起こり、食糧価格の高騰につながりました。そしてこれらの干ばつが地下水の枯渇をさらに深刻化しているのです。激しい干ばつに襲われた土壌は硬く固まってしまい、多少の雨では水を浸透することが出来なくなってしまうと言われています。

我が国の国立環境研究所と東京大学などが共同して行った研究によって、地球上の干ばつが今世紀中にその深刻さが世界各地で増大すると予測しています。日本は干ばつが深刻化する地域には含まれていませんが、食糧自給率が38％前後と低い我が国にとっては、食糧の確保が困難になることが指摘されています。

12　戦争で飛躍するアメリカ大豆

最初に大豆をアメリカに持ち込んだサムエル・ボーエンは、大豆が中国でいろいろな食材として使われていたことを知っていたので、アメリカで大豆栽培を試みた当時の人たちにも、その有用性はわかっていたと思われます。しかし、アメリカで大豆の栽培が始まった19世紀後半～20世紀の初頭にかけての大豆の利用は、食品としてではなく、もっぱら土壌の肥沃を目的としたものでした。

こうして大豆は輪作の一環としてトウモロコシや小麦の栽培に先立って蒔かれており、その生育状況の良し悪しについて問題視されることはなかったようです。しかし、大豆の利用価値がわかってくるに従って、大豆の種子を収穫するようになってきます。そして大豆に適した根瘤菌の育成やアメリカの気候に適した大豆品種の選別など大豆栽培の効率化を求めてアメリカの研究機関は長い試行錯誤の時間を費やすようになります。

ドイツをはじめとするヨーロッパでの大豆の利用情報や、満州・日本での大豆の栽培事情が明らかになるにつれて、アメリカ国内でも大豆種子に対する認識が高まり、一九一七年になると種子生産を目的とした大豆の作付面積は5万エーカーにまで広がっていくことになります。こうしてアメリカは大豆生産国へ向かって少しずつ歩み始めます。そこにはいろいろな栽培技術や利用研究など、すでに述べてきた各種の開発が寄与していたことは言うまでもありませんが、アメリカが今日の世界の大豆生産大国に成長していった背後にはいくつかの戦争が影響していることも無視できないでしょう。

12.1 クリミア戦争と穀物輸出

一八四六年にイギリスで「穀物法」の廃止という政策変更が行われました。それまでは、穀物の輸入を制限して国内の農民を保護するという法律が施行されていましたが、経済学者マルサスと国会議員リカードの論争があり、ここで産業資本家たちが支持するリカードが勝利します。「イギリスが穀物法を撤廃して、ヨーロッパ大陸の農業国から穀物を輸入すれば、それと引き換えにイギリスの工業製品が、それら諸国に輸出されるようになる」との主張が勝ったのです。当時のイギリスは産業革命で工業力が充実していた時代であり、自国の工業製品を輸出することに力を入れていたのです。

この穀物法を廃止したことによって、ヨーロッパ大陸から大量の穀物が輸入されるようになりましたが、国内の穀物価格は一向に安くなりませんでした。それはこの後、ヨーロッパ大陸を襲ったジャガイモの腐れ病の広がりなどにより輸入穀物の価格は高止まりのままになり、ただイギリスの食糧自給率だけが低下していったのでした。

そんな時にイギリス、フランス、オスマントルコ連合軍とロシア、ブルガリアが黒海のクリミア半島で戦った「クリミア戦争」（一八五三～一八五六）が起こります。この戦争でロシアと戦ったことによって、イギリスにはそれまでロシアから輸入されていた小麦が途絶えてしまい、国内の穀物が不足するという事態に陥ってしまいました。困ったイギリス政府が新たな穀物の輸入先として選んだのがアメリカでした。このことによってアメリカは初めて穀物貿易で国際舞台に登場することになるのです。

最初にアメリカに小麦が持ち込まれたのは一七七七年頃とされています。そして一八三〇年代になると小麦の栽培地も広がり、アメリカ国内の主要な作物として栽培されるようになります。その後、ロシアからの農業移民たちによってロシア系の小麦が持ち込まれるなどしながら、さらに栽培地が広がっていきます。

アメリカがイギリスに輸出した小麦は、一八五四年には22万トンに過ぎなかったのですが、一八六二年には１００万トン、一八八〇年には４００万トンと大幅に増え、アメリカは19世紀末にはロシアに次ぐ世界第二位の穀物輸出国に成長していったのです。当時、これら穀物の運送を請け負ったのがイギリスやオランダの穀物商人たちであり、カーギル、ブンゲ、ドレフェスなど、今日の世界を股にかけた穀物メジャーが生まれたのもこの時代でした。日本では丁度ペリー提督が浦賀に来航して開国を迫り、徳川幕府が慌てふためいていた頃のことです。

このころのアメリカは西部開拓地に鉄道網が広がる、映画でおなじみの西部劇の時代であり、新しい農地の開拓で耕作地がどんどん広がっていく、というアメリカ農業の幕開けの時期でもあったのです。飢饉で苦しむアイルランドやドイツなどから、新天地アメリカでの自作農を夢見た農業移民たちが、大西洋を渡ってきたのもこの頃です。こうして生産された小麦は政府によって買い上げられ海外に輸出されたので、アメリカの農業は大きく飛躍していきます。このように開拓された農地と入植した農業移民たちによって、アメリカはクリミア戦争を契機として農業国としての基盤を確立していったのです。戦争特需による穀物の増産は、戦争終結後に起こる過剰在庫というリスクにも苦しみましたが、アメリカはこうしてクリミア戦争をきっかけにして、自国の農業が大きな産業となって育っていく道を開くことが出来ました。しかし、ここにはまだアメリカ大豆は姿を見せていません。

このクリミア戦争の余波が、その後の満州を取り巻く情勢を緊迫化させ、結果的に満州大豆を浮かび上がらせることにつながっていきます。クリミア戦争で敗北したロシアは目をアジアに転じて、我が国の対馬を支配しようとします。これに対してイギリスは強硬姿勢となって対立して緊迫した状態となりますが、イギリス軍に対抗する余力もなかったので、ロシア軍は撤退して日本は危機を脱します。しかしロシアの極東の不凍港への関心はその後も続き、シベリア鉄道を敷設してウラジオストックへ、さらには満州へと目を転じてきます。

そして、この流れが日露戦争へとつながり、日露戦争後の満鉄の設立と満州大豆の拡大、さらには満州大豆の国際市場への登場へとつながっていくことになります。

こうして満州での不凍港開設にも失敗したロシアは、二〇一四年に再びクリミア半島に侵攻し、クリミア半島の併合を強引に推し進めながら不凍港を確保しようとしていることは、皆さんもご存知の通りです。

12.2　アメリカ南北戦争

そして次にアメリカ農業に大きな影響を与えたのが、国内で起こった南北戦争（一八六一～一八六五）です。この国内戦争によってアメリカが農業大国になるのに必要な、農業の機械化が大きく進むことになります。

当時、アメリカの北部地域では産業革命による工業化が始まっていました。そしてこれらの産業を育成するために、外国からの工業製品の輸入に制限を設ける保護貿易を主張していました。これに対して南部の地方では奴隷を使った綿花の栽培が盛んであり、原材料を海外に輸出できる自由貿易を主張していました。奴隷制度の廃止を主張するリンカーンがアメリカ合衆国（ＵＳＡ）を建国して大統領に就任すると、それに反対する南部の州が合衆国を脱退してアメリカ連合国（ＣＳＡ）を結成します。こうしてアメリカ合衆国と連合国との間で起こったのが、南北戦争だったのです。この内戦によって最も機械化が進んだのは当然のことながら、戦争に使われる武器だったのですが、農機具の機械化にも大きな影響を与えることになります。

国内で起こったこの戦争によって、それまで農業を支えていた多くの男性が戦場に駆り出され、残された女性と高齢者で農作業を続けなければならない状況となったのです。この南北戦争による戦死者は65万人とも言われており、当時のアメリカの人口は奴隷を除いて２７００万人程度であったことから見ると、相当な人的ダメージだったと想像できます。このような中で農業を続けるためには、高齢者や女性でも農作業が出来る省力機械の開発が必至であり、その実現に向けて農機具の開発が精力的に進められることになります。そして、それらの中から「機械式鋤」「自動式刈入れ機」などが開発され、他の国に先駆けて農業の機械化が進められることになるのです。

19世紀の後半になるとアメリカ農家の平均的な耕作面積は１５０~２００エーカーに達しており、農業の機械化は避けて通れない課題でもあったのです。このような動きは18世紀末には既に鋤の改良などに始まっていました。農機具の材質を木製から鋳鉄製へ、さらに鋼鉄製の滑らかな材質のものへ変わるという改良は、それ以前からも繰り返し行われてきていました。そしてこれらの改良により、コーンベルト地域の農業の生産性が大きく改善されていくことになります。

今日、中西部と言われている土地は、当時はソッドと呼ばれる芝草の密集しているような地域であり、かつては硬い粘土質の土壌で覆われていました。西部開拓時代の映画に現れるソッドハウスとは、この硬い粘土質の土で作られていた家だったのです。このような土壌を耕すことが出来たのも、この改良された鋤があったからでした。

さらに南北戦争は合衆国軍が勝利したことによってリンカーン政権が樹立され、そして新政府の政策として自営農を推進していったことから、農民の穀物増産意欲をさらに奮い立たせる結果となります。これらによりヨーロッパやロシアから入植してくる農業移民が急増し、一八六〇年の農家戸数２０４万戸が20年間で倍増し、一九一〇年には６３７万戸へと膨れ上がっています。このような農業環境の改善によって穀物の生産量も大幅に伸びていきます。アメリカの農業基盤を初期に強化したきっかけを与えたのは、アメリカ国内で起こった南北戦争であったと言えます。

この南北戦争が一八六五年に終了すると、それまで国内の両軍で使われていた銃が必要なくなります。そしてそれらの銃の一部が我が国に輸入され、一八六八年から始まった戊辰戦争において、幕府軍にも新政府軍にも、アメリカ製の銃や大砲が使われていたことがわかっています。

12.3　第一次世界大戦とアメリカ農業

そして、こんな時に起こった第一次世界大戦が、アメリカの農業を活気づかせることになります。19世紀半ばからアメリカの農業は、ヨーロッパからの入植者たちによって、トウモロコシ中心の農業に、新たにヨーロッパから持ち込まれた良質な小麦の栽培などが加わるようになってきました。

アメリカはこの第一次世界大戦には、終盤（一九一七）になってドイツの潜水艦（Uボート）による商船への無差別攻撃に対抗する形で参戦していきますが、当初はヨーロッパの大戦には参加せず中立を宣言していました。アメリカでは一八二三年に第五代大統領のジェームズ・モンローが提唱した「南北アメリカ諸国とヨーロッパ諸国は互いに干渉しない」とするモンロー主義によって、第一次世界大戦には直接参戦することはしなかったのです。モンロー大統領がこの方針を唱えたころは、ヨーロッパによる南北アメリカでの植民地化の動きが活発な時代であり、これらの動きを牽制する意図で唱えられたものでしたが、この考えはその後も引き継がれていたのです。

第一次世界大戦はイギリス、フランス、ロシアなどを中心とする連合国側とドイツ、オーストリア、ハンガリーなどの同盟国側の間で繰り広げられ、多くの国が巻き込まれた世界大戦となりました。このヨーロッパを中心に展開された戦いが長引くにしたがって、ヨーロッパ各地の農地は踏み荒らされ、各国は食糧の自給が難しくなるという厳しい状況に陥ります。さらにまた、途中からスペイン風邪の流行が戦場を駆け巡り、戦死者数を上回るスペイン風邪による死亡者が出るなど、悲惨な展開となります。

しかし、最後にはドイツ側の敗戦によって終戦を迎えますが、一説には戦場に蔓延し、両軍を苦しめたスペイン風邪が終戦を早めたとも言われています。結局この時のスペイン風邪による感染者は、世界人口の1／3とも5億人ともいわれており、死者も4千万人といわれる大規模なものでした。しかし、直接的にこの世界大戦を終結に導いたのは、終盤になってのアメリカの参戦でした。アメリカは一九一八年一一月にこの世界大戦に参戦し、１８０万人の兵士をヨーロッパに送り込んだことによって、ドイツ軍の無条件降伏へと導くことになります。

ちなみに、日本はこの大戦を最初は欧州大戦と呼んで距離を置いていましたが、大戦が始まった2ヵ月後には、同盟を結んでいたイギリスから「極東のドイツの軍艦を攻撃してほしい」との要請を受け、中国や東南アジアにあるドイツ植民地にいたドイツ軍を攻撃しています。そこで投降した捕虜約4千人を日本に連れ帰り、鳴門の収容所など全国12ヵ所の収容所で手厚く収容しています。当時鳴門の収容所にいたドイツ人捕虜たちが、日本で初めて演奏したベートーベンの第九交響曲を、当時をしのんで今も年末になるとこの収容所跡地を始め、各地で演奏会が続けられています。また捕虜たちは周辺の住民とも親交を深め、その後も日本に留まった菓子職人のユーハイムは、神戸で菓子店を開いています。またドイツ料理バウムクーヘンやビールが普及したのも、彼らドイツ人捕虜の影響がきっかけになっているとされています。

このように第一次世界大戦の長期化とスペイン風邪の蔓延によってヨーロッパでは深刻な食糧不足に陥っていました。これに対しアメリカは、国内の穀物生産を増やしながらもっぱらイギリスやフランスなど同盟国に対して食糧支援をしていくとの立場をとったのです。こうした支援をするためにアメリカ政府は国内に向けて「食料で戦争を勝利する」と宣言して、農民たちを鼓舞していきます。農家も政府の支援を得ながら穀物の増産に協力し、そのことによって小麦の生産量は１６９０万トンから２５９０万トンへと一気に増大していきました。さらにその勢いは終戦後もしばらく続き、アメリカ農業は戦時バブルの活況が続いていきました。

12.4　アメリカにおける大豆農家の支援

このような中でアメリカでは、大豆の種子生産が徐々に増大していきます。それまでの大豆栽培は、トウモロコシや小麦などの輪作に対する緑肥としての利用が主体でしたが、ヨーロッパの同盟国に対する食糧支援を機に、大豆種子の生産へと大きく舵が切られて行きます。そしてその流れをさらに高めていったのが一九二八年に出された「ペオリアプラン」と呼ばれる大豆栽培奨励策でした。これは農民に対して最低価格を保証するものであり、イリノイ州の農民に対して大豆1ブッシェル当たり1・35ドルの最低価格を保証したものでした。この大豆栽培の奨励策に対して、初年度に参加した栽培面積は、約5万エーカーだったと言われています。この頃（一九三一〜一九三五）の平均収量は14・9ブッシェル／エーカーであったので、その生産予想量はせいぜい2万トン程度と言われています。しかしその後、これら単収は栽培技術の向上に伴い、一九三六―四〇年には17・9ブッシェルに、一九四一―四五年の平均単収が18・5ブッシェルと増加していくことになります。ちなみに二〇一九年のアメリカ大豆の平均単収は47・4ブッシェル／エーカーと飛躍的に伸びています。こうしてアメリカはヨーロッパの戦争に対して同盟国として、穀物を供給するという支援を約束したことにより、大豆の生産力は大きく向上していきました。

しかし、第一次世界大戦も終了してしばらくすると、フランス、イギリス、ドイツなどの国内での食糧生産も徐々に回復し、好景気に沸いていたアメリカ国内の戦争特需も急速にしぼんでしまうことになります。穀物価格の低迷はその後10年以上続き、アメリカ農業は深刻な不況に陥ってしまいます。第一次世界大戦中の増産奨励にうながされて資金を借りて農地を買い増した中小農家の経営は破綻していきました。

この苦境を脱するためにルーズベルト大統領が打ち出したのが「一九三三年農業調整法」であり、これがその後のアメリカ農業の根幹となります。この法律の最も重要な政策は、商品金融公社（ＣＣＣ）を設立して、生産農家の販売価格を安定化し、穀物を担保とした低利の短期融資を受けられるようにしたことでした。そして、政府はＣＣＣによる農家への融資制度を大幅に緩和し、農家の増産意欲を盛り上げていったために大豆の生産量は大きく伸びていきました。

12.5　第一次世界大戦以降は

第一次世界大戦の後、一九一九年にパリ講和会議が開かれ、ベルサイユ体制が作られ、アメリカの提案による史上初の本格的な国際平和機関「国際連盟」が設立されます。しかし世界の平和と安定は長くは続きませんでした。ベルサイユ条約のなかでは、イギリスとフランスはドイツを弱体化させることを優先して、過酷な賠償金を課していくことになります。またロシアに対してもロシア革命の後で広がった革命思想が、他国へと拡がることを警戒して、国際連盟に入れてもらえなかったのです。

一方、日本は国際社会の中でその地位を高めていきますが、日本はますます東アジアに目を向けるようになります。これに対してアメリカは日本の東アジアへの攻勢を警戒するようになり、東アジアの国々も、日本を欧米と同じ帝国主義国家として警戒するようになります。こうして日本は国際的に微妙な立場に立たされることになります。

日本は浜口内閣によって再び国際協調路線に戻り、ロンドン軍縮条約（一九三〇）に、国内の反対を推し切って批准をしますが、その後浜口首相は、東京駅での右翼による狙撃によって翌年死亡してしまいます。しかし政府は、その後も緊縮財政と国際協調路線を進めますが、国内の不景気の中でしだいに不穏な空気に包まれてくることになります。

こうした平和体制の構築の後に起こった、アメリカ経済の失敗が世界戦争の新たな火種になっていきます。

アメリカでは戦時経済の繁栄が続き、工業分野も農産物も大量生産が続いており、供給過剰状態となっていました。そしてそのことに起因した恐慌が発生するのです。

一九二九年一〇月二四日のウォール街の株価の暴落、さらに工業、農業、企業、銀行の倒産が相次ぎます。そしてこの対応の一環として、アメリカはヨーロッパの復興に貸し付けてあった資金を引き揚げることになります。そのことによって、このアメリカの経済崩壊が世界を巻き込んだ大恐慌へと発展していきます。

それまでは第一次世界大戦後のヨーロッパ経済を支えていたのは、アメリカからドイツへ貸し付けた経済援助であり、ドイツからイギリス、フランス、イタリアへの賠償金の返済であり、イギリス、フランス、イタリアからアメリカへの戦費支払い、という循環によって戦後復興が安定していました。しかしアメリカが貸付資金を引き上げたことによりドイツ経済は破綻をきたし、激しいインフレに陥ります。世界恐慌が始まるとアメリカはドイツから資金を引き揚げる保護主義へと移行することになります。これに対抗してヨーロッパもブロック経済をとり、それ以外の地域からの輸入に高い関税をかけることになるのです。さらにアメリカも高い関税で報復したので、経済基盤が弱いドイツ、イタリア、日本などが世界経済からはじき出されてしまうことになります。

こうしてファシズムが起こり、ドイツではヒトラー体制が出来て、国際連盟から脱退（一九三三）して軍備拡張を始めるようになります。イタリアもムッソリーニの一党独裁体制となり、日本では満州事変から満州国を建国して、これに反対した国際連盟から脱退することになります。国際的に孤立した日本はドイツに接近し、日本、ドイツ、イタリアで共産主義に対抗する協定（三国防共協定、一九三七）が結ばれます。そしてドイツはポーランドに侵攻し（一九三九）、これに対してイギリスとフランスはドイツに宣戦布告して、第二次世界大戦に突入していきます。

13　アメリカで発展した大豆産業

13.1　アメリカにおける大豆産業の抬頭

ヨーロッパでは一九〇八年になるとイギリス、ドイツが満州から大豆を輸入して大豆搾油を始めており、国内で作られた大豆油からマーガリンや石鹸などが生産されていました。しかし、第一次世界大戦が始まると、国内での油脂の生産が困難となっていきます。そして国内での油脂の在庫が枯渇するようになると、急遽満州から大豆油の輸入を始めるようになります。アメリカはこのようなヨーロッパの動きを見ながら、大豆油の利用に積極的になっていき、この頃から中国市場に強い関心を持つようになります。

アメリカではイギリスの産業革命に刺激を受けて、急速な工業化の動きが始まっていました。そしてそれらの工業製品の販路として、当時4億人の人口を誇る中国への接近を秘かに画策していたのです。これらアメリカの中国に対する関心が、日本の満州支配に対する警戒感を強めていくことになります。しかしアメリカ国内ではまだ大豆の生産も十分ではなく、しかも大豆搾油にも十分な生産体制がなかったために、満州や日本から大豆原油を輸入しながら、それを国内で精製して大豆油を作っていたのです。そうして作られた大豆油からマーガリンなどの油脂食品や、塗料などの油脂を使った工業製品を生産していました。しかし、国内での大豆栽培が盛んになり、大豆種子の収穫量が増えるようになった頃から、大豆搾油事業を中心とした大豆産業が立ち上がっていきます。

第一次世界大戦が始まる前は、アメリカでは国内で必要な大豆油を主としてドイツから輸入していましたが、第一次世界大戦が始まり、ドイツと戦う立場になるとドイツからの大豆油の輸入は止まってしまいます。そしてドイツが敗戦し、ドイツの搾油設備が壊滅状態になったことから、アメリカは日本と満州から大豆油を輸入せざるを得なくなるのです。こうして日本は第一次世界大戦を契機としてドイツに代わって、アメリカへ大豆油の輸出を始めるようになります。しかしアメリカでは一九二〇年代後半～一九三〇年代にかけて、大豆産業が力強く立ち上がってきます。一九三〇年までは日本や満州から大豆原油を輸入して国内で精製、加工するという事業形態をとっていましたが、アメリカ国内で大豆の生産量が徐々に増大し、さらに大豆油の消費量が高まってくると、今度はアメリカに向かって満州から大豆油の輸出攻勢が始まります。満州から安価な大豆や大豆油が輸入されることは、始まったばかりのアメリカの大豆産業の成長を頭から抑えてしまうことになります。そこでアメリカは自国の大豆産業を保護するために大豆輸入に高い関税をかけるようになるのです。

こうしてアメリカは一九三〇年になると、大豆などに対する輸入関税を設けて、国内産業の保護に向かいます。大豆にはポンド当たり2セント、大豆油も3・5セントの関税を、大豆粕についてはトン当たり6ドルの輸入関税を課することになります。これらに対して当時の満鉄の内部資料には「これらの関税により、満州大豆のアメリカへの輸出は不可能になった」との記録が残されています。

この対抗措置により、アメリカの大豆産業は安定した発展が始まることになります。しかしこの「一九三〇年関税法」により、その前年ニューヨークのウォール街で起こった株式大暴落に端を発した大恐慌の深刻さをさらに拡大させたとも言われています。しかしこうして国内産業を保護したことにより、イリノイ州はアメリカの大豆生産の中心地へと成長していき、ステーレー社やA．D．M社のあるディケーター市はアメリカの大豆搾油の一大拠点へと成長していくことになります。

13.2　大豆搾油企業の登場

アメリカでの最初の大豆搾油企業は、一九一一年にシアトルにある、アルバーズ・ブラザーズ・ミリング社が、水力式圧搾機械で満州大豆を搾油したのが初めてとされています。当時すでに国内では棉実搾油工場が稼働していましたが、棉実搾油だけでは十分な利益が得られず、大豆栽培が盛んになると大豆搾油にも取り組んでいきます。同じ機械を使って大豆の搾油も出来たので、工場の稼働率が上がり、利益を安定させることが出来たのです。アメリカ産大豆が搾油されたのは、一九一五年のエリザベス・シティ油脂が最初とされています。しかし国内の大豆生産は第一次世界大戦の影響で国内の大豆油の需要に追いつけず、一九一八年での満州からの大豆油の輸入量は15万トン余、金額にして３３００万ドルだったとされています。しかしここからアメリカでの大豆搾油への取り組みに拍車がかかっていきます。一九一七年におけるアメリカ大豆の生産量は約100万ブッシェルとされ、さらに一九二八年には1010万ブッシェルになります。その内でイリノイ州の生産量が最も多かったとされています。その後イリノイ州ではシカゴハイオイル社が大豆搾油に取り組み、アメリカのコーンベルト地帯での大豆搾油のパイオニアになっています。このようにアメリカにおける大豆油生産は一九一〇年代にスタートを切っていたのです。しかし、まだまだ自国の大豆を原料とするには大豆生産量が必要量には程遠く、満州からの大豆輸入に頼らざるを得ない状況が続いていました。

一九二〇年にはシカゴ・ハイトス・オイル製造会社が大豆搾油を開始し、一九二二年にはステーレー社が大豆搾油の専門工場を建設し、アメリカでの大型搾油工場の操業が始まります。同社はエキスペラー方式と呼ばれる連続式圧搾機で、年間の大豆処理能力は約3万トン以上とされています。さらに一九二九年頃になるとアメリカでの大豆生産量は増加していきますが、まだ国内の需要には追いつけず、満州、日本からの大豆油の輸入が続くことになります。なお、一九三七年のアメリカの大豆油は、輸出量5748ポンドに対して輸入量は2万9752ポンドとされており、まだまだ大豆油は満州からの輸入に頼っていました。なお、一九三四年頃のアメリカの大豆油の用途の75％はペイント、ワニス、リノリウム、油布、人造革の製造、その他にも印刷インキや石鹸にも利用されていました。当時大豆油で作った石鹸の泡は一時間も消えないとして消費者から人気があったようです。

そして搾油工場は、一九二三年にはブリッシュミリング社、ハンクブラザーズ社、ウイリアムグッドリッチ社（一九二八年にA．D．M社が買収）などが続き、一九三四年にはセントラルソーヤ社が登場し、アメリカ大豆搾油事業が立ち上がっていきます。こうしてアメリカにおける近代的溶剤抽出工場の建設は一九三四年以降になって立ち上がることになります。

その後、大豆製油工場は順調に拡大し、工場数も一九三四年には19工場に、一九三五年には49工場、一九四二年には79、一九四四年には１３７工場、そして一九四五年には１６０工場と目覚ましい発展を遂げることになります。こうしてイリノイ州では、相次いで世界の大豆産業を代表するような大企業が顔をそろえることになるのです。

なお、日本では一九一八年（大正7年）にはすでに圧搾式抽出工場が15社、溶剤抽出工場が23社となり、原料大豆処理能力は、２４９５トン／日に及ぶまでになっていました。

こうしてアメリカ大豆産業が力強く伸び始めた一九三〇年代後半は、丁度満州大豆の生産量がピークを打ち、漸減傾向にさしかかった頃でもあったのです。一方、アメリカではこれら搾油産業を支える大豆生産も力をつけてきて、一九四二年には満州を抜いて世界第1位の大豆生産国に躍り出ることになります。そして第二次世界大戦が終った一九四五年から大豆の輸出を始め、急速に輸出量を拡大していきます。こうして世界の大豆生産は、下り坂の満州大豆と昇り坂のアメリカ大豆という姿がこの時すでに見えていたのです。

14　フォード自動車と大豆

アメリカの新たな産業として立ち上がった大豆に希望の光を当て、この世界に力と勇気を与えた企業がありました。一九三〇年代に工業立国を目指すアメリカのトップメーカーであったフォード自動車が、大豆を原料とした自動車部品作りに情熱を燃やしたのです。

当時のアメリカは、大恐慌による不景気の中にありながらも、多くの労働者が従事していた農業分野では、ちょうど大豆に対する期待が盛り上がり始めた頃でもあり、アメリカ農務省がその牽引車として走り出していました。その後の農業大国アメリカにとっては、この時期はまさに大豆にとっての黎明期にあったと言えるでしょう。

国を挙げての大豆への取り組みの機運が高まる中にあって、フォードモーター社のヘンリー・フォード社長は大豆の利用開発に積極的に取り組みます。こうした大豆を自動車の部品として利用する取り組みは、まさに大豆の新たな可能性を世間に向かって力強く訴えていくことになったのです。大豆が時代の先端を走る自動車産業の材料として利用できることを知った農民たちにとっては、フォードの取り組みが大豆栽培に大きな自信と期待を与えたことは言うまでもありません。そしてそれはアメリカに大豆を定着させる大きなエネルギーになったとも言えるでしょう。

自動車が発明されたのは一八八五年、ドイツのカール・ベンツとゴットリーブ・ダイムラーによるものとされています。しかし、このガソリンで走る自動車のほかに、すでに蒸気自動車や電気自動車なども並存していて、必ずしもガソリン自動車が支持されていたわけでもなかったようです。現に、一八九五年にアメリカで登録されていた自動車3700台の内、蒸気自動車が2900台を占め、ガソリン自動車はたったの300台に過ぎなかったといわれています。ヨーロッパで生まれた初期の自動車は、一部の上流階級の人たちの娯楽としての自動車レースや、高級車としての用途に向けられており、一般庶民には手の届かない乗り物でした。この自動車を庶民が利用できる乗り物に拡げたのがアメリカのヘンリー・フォードだったのです。

彼はデトロイト近郊の農村に生まれており、最初はエジソンが創業したエジソン電気会社に就職していました。彼はここで電気の技師長にまでなっていたのですが、ガソリンエンジンに興味を持ち、自動車会社に転職します。そして、一九〇三年に自分で自動車会社を設立していろいろな自動車モデルを開発するうちに、一九〇八年に記念すべきT型フォードを完成させます。この自動車の特徴は大衆が買える安価さでしたが、それを支えたのは生産コストの削減と大量生産でした。

フォード社長が自動車を作りながら、自動車を買ってくれる顧客として頭に描いていたのは、デトロイト周辺に住む農家の人たちであったと言われています。この時代のアメリカの農業は、ロシアやヨーロッパから多勢の農業入植者を募り、農産物の柱である小麦やトウモロコシの生産に取り組むとともに新しく大豆を導入して、大豆油の生産と大豆タンパクの用途開発に力を入れ始めていた時代でした。そしてアメリカ政府も大豆の生産を奨励しており、トウモロコシ、小麦などの輪作に大豆を組み入れて、その栽培面積が急速に拡大していく途上にありました。

現在のアメリカ国内での大豆の輸送は、ミシシッピー川を下る穀物船（バージ）と貨物列車、そして最寄りのカントリーエレベーターまで運ぶトラックなどで行われていますが、一九二〇年ころの農産物の輸送は農家にとって大きな負担でした。農村に生まれたヘンリー・フォードには、自動車が当時のアメリカ農業にとって、いかに大きな役割を占めるかは容易に想像でき、そのことを頭に描きながら自動車作りに精を出していたことでしょう。

フォード社が大豆研究に積極的に取り組み始めたのは一九三〇年頃からでした。そのためにミシガン州に2万4千haの農地を購入して大豆栽培にも手を広げると共に、周辺の農家には大豆を収穫すればフォード社が買い取るとしていたので、大豆の栽培熱が盛り上がっていきました。

フォード社にとっては大衆自動車を開発するためには、価格の低減と自動車の重量を減らすことが重要課題だととらえていました。そのためには周辺の農家が栽培した大豆を利用することが大切だと考えたのです。こうして一九三一年には大豆油から自動車用のエナメルを作り、抽出残滓を原料としたハンドルやギアなど、10ヵ所ほどの部品に大豆素材を採用するようになります。

フォード社も小規模の大豆搾油工場を3工場建設しており、自ら大豆油を生産するとともに、研究所では大豆を化学的・物理的に徹底分析しながら、大豆の可能性を追求する取り組みをしています。そしてミシガン州のリバー・ルージュには大豆を利用する専門工場を建設しています。

さらには自動車用プラスチックやペイントを製造する工場も建設し、これらを自動車部品として利用していきました。こうして約２００種類の新製品が大豆から作り出されたとされています。

フォード社の取り組みは自動車部品だけでなく大豆の持つ可能性を広く求めたものであり、大豆ミールに圧力をかけて種々の色彩のタイルや家具、ラジオの箱、ボタン、さらには大豆タンパク繊維、豆乳、消泡剤、合板接着剤、そしてグリプタルレジンと称するプラスチックや、今で言うバイオディーゼル燃料など広い分野にわたっていたようです。大豆タンパク繊維は、羊毛と混ぜて自動車内部の側面を飾る室内装飾用としても利用されていました。この繊維は、羊毛に比べてその強度は80％程度であったが、羊毛や牛乳カゼイン人造羊毛に比べて耐水性が優れ、カビが生えない特徴があるとされています。そのために一九四〇年には１０００ポンドの大豆羊毛を製造する試験装置も立ち上げています。

一九三四年のシカゴの進歩博覧会において、フォード社は高らかに宣言します。『工業と農業とは自然の共働者である。アメリカの農業はその生産物の需要の未成熟に悩んでおり、一方、工業は過剰労働者による失業に悩んでいる。農民は工業に対して原料を供給するだけではなく、農作物は工業の最初の工程でもある。将来農民は、一方の足で農業生産者として農地に足を置き、他方の足は現金を得るために工業の最初の工程を担っていくようになる。このような姿を実現するためにフォード社は取り組んでいる。』として、『農民が我々の得意先になることを望むならば、我々も農民の得意先になる方法を考えなければならない』と大々的にその取り組みを謳いあげました。

フォード社では、年間に百万台の自動車を作るために必要な大豆は45万ブッセルであり、そのために必要な大豆畑は2万8千エーカー必要だと想定していたようです。

このようにフォード社長が大豆から自動車材料を作ることに情熱を燃やしていたのは、自動車に必要な材料が農場で育てることが出来るならば鉱山も森林も使わずに済み、その農産物は農民に対して収益の道を開くことが出来るようになり、さらに農地の近くが自動車工場の適地になる、との夢があったとされています。

このフォード社の取り組みがアメリカからカナダ、メキシコの一部にかけての大豆栽培熱に力を与え、農民の生産意欲に希望の火を付けたのは確かです。こうして一九三六年頃にはアメリカでの大豆栽培も力強く立ち上がり、その大豆生産量も50万トンと、すでに日本をしのぐほどになっていったのです。

一九三六年の「タイム」誌は、フォードのこのような大豆の取り組みに対して「大豆の親友」と称しています。しかし、第二次世界大戦に入るとフォード社の工場はすべて軍需用品の製造に転向されてしまい、大豆を利用する仕事から手を引いてしまいます。そして大豆加工用の設備も他社に売却してしまいました。

このようにフォードが周辺の大豆農家に希望を与え、大豆の生産に弾みをつけたのは、時あたかも一九二九年一〇月の「暗黒の木曜日」に引き続く大恐慌時代の真っ只中であり、それに追い打ちをかけて、一九三三年～三六年のアメリカ中西部を襲った大干ばつで、アメリカ農業は極度の疲弊に陥っていた時代でした。当時のフォード社の工場労働者の3／4は、ロシアやスペインなどから来た農業移民たちであり、その多くは大恐慌の苦境に立たされた労働者でした。このような時代の中で、新しい時代に挑戦したヘンリー・フォードの提案は、大豆の歴史を変えただけではなくアメリカの活力を再生させたと思っています。

現在のアメリカは世界最大の大豆生産国であり、日本で消費している大豆の70％はアメリカからの輸入に頼っています。このように強力な大豆生産力を見るにつけ、アメリカ大豆幕開け時代のこの水面下での努力は、今では遥かかなたにかすんでしまっていますが、当時の貧困に喘いでいた農民や失業者に対するフォード社長の呼びかけがどれだけ希望を与えたことか、計り知れないものがあったことでしょう。このようなフォード社の取り組みが注目され、大豆が食品だけでなく工業材料としても利用できることを皆が知ったことにより、農民たちの目に大豆がそれまでの小麦などと違う、新たな可能性を秘めている新時代の作物と映ったことでしょう。このフォードの取り組みによりアメリカでの大豆栽培が急速に拡大していくきっかけになったことは確かです。こうして電気や水道もない当時のアメリカの農村に自動車が登場し、農村生活が近代化の道を歩み始めると同時に大豆栽培が力強く立ち上がっていくのです。

15　第二次世界大戦でアメリカ大豆が飛躍

15.1　第二次世界大戦への突入

第一次世界大戦で主戦場となった欧州諸国では、戦勝国も敗戦国も甚大な被害をこうむり、その影響はその後各国の市民生活に重くのしかかってくることになります。そしてこのようなことが二度と繰り返されないためにも、第一次世界大戦を最後の戦争にしようと、恒久的平和を願って一九二〇年一月には国際連盟が設立されます。日本はその常任理事国となり、事務局次長に新渡戸稲造が就任します。翌一九二一年にはワシントン会議が開かれアメリカ、日本など9ヵ国での国際秩序作りが始まります。その後相次いで四ヵ国条約、九ヵ国条約、海軍軍縮会議などが開かれ、さらに一九二八年八月には「パリ不戦条約」が結ばれ、国際間の紛争解決は平和的に処置することが採択されました。

しかし第一次大戦で敗戦したドイツは、国家予算の20年分に相当する巨額な賠償金に喘ぎ、市民は急速なインフレの中で苦しみます。そして、その反動からドイツではナチスの抬頭など、徐々に戦争の機運が高まってくることになり、条約締結後10年余で第二次世界大戦へと突入することになります。

第二次世界大戦は一九三九年九月にヒトラーのドイツ軍がポーランドに侵攻し、これに対してイギリス、フランス軍がドイツに宣戦布告したことによって始まります。一九四〇年にはドイツがデンマーク、ノールウェー、オランダを占領し、フランスにも勝利します。日本は日中戦争の最中にあり、当初はヨーロッパの戦争に対して中立の立場をとっていましたが、フランスがドイツ軍に降伏したのを見て、日本は「南進」を決定し、一九四〇年九月にフランス領インドシナ北部（現在のベトナム）へ軍隊を進駐します。

日本軍のフランス領インドシナへの南進は、石油やゴムなどの資源確保のチャンスと見てのことだったのです。アメリカはこれら日本軍の動きに神経をとがらせます。日本軍がインドネシアを占領してしまうと、車輌や航空機製造に必要な天然ゴムがアメリカに入ってこなくなるからです。さらに日本が南アジアの制海権を握ることによって、アメリカにはこの地域からのパーム油とヤシ油の輸入も閉ざされることになります。当時これらはアメリカの輸入油脂の2／3を占めていたのです。こうしてアメリカも追い込まれることになります。そうした中で、日独伊の三国は軍事同盟に調印（一九四〇年九月）して、アメリカを仮想敵国とする戦時体制が出来上がります。

一方、一九三七年に始まった日中戦争はまだ決着がつかず長引いていますが、それはアメリカ、イギリス、ソ連が中国・蒋介石軍に対して援助しているからだと日本は判断して、その道を遮断することも日本の「南進」作戦には込められていたようです。これら日本の動きに強い警戒を示したアメリカは、日本への経済圧力を強めていきます。この動きにイギリス、オランダも続き、いわゆるA（アメリカ）、B（イギリス）、C

（中国）、Ｄ（オランダ）包囲網を形成します。
これにたいして日本はアメリカとの交渉を有利に進めるために、ソ連と「日ソ中立条約」を締結します。しかしアメリカに石油の多くを頼っていた日本には、この状況を跳ね返すには戦争しかないと判断して一九四一年一二月八日に真珠湾攻撃に踏み切り、日本は太平洋戦争に突入することになるのです。

こうしてドイツ、イタリアがイギリス、フランス、ソ連、アメリカと戦った欧州戦線（一九三九〜一九四五）と、日本がイギリス、アメリカ、中華民国、オーストラリアなどと戦った太平洋戦線（一九四一〜一九四五）の二面で第二次世界大戦は展開されることになります。そして幾多の厳しい戦いの後に、アメリカを中心とした連合軍は日本軍を追い詰め、日本は一九四五年の八月一五日になって降伏宣言をして第二次世界大戦は終わります。

15.2　第二次世界大戦での大豆の働き

欧州戦線が始まるとイギリスは自国の食糧供給路がドイツによって侵害されるようになります。イギリスは国内での食糧自給が難しく、その多くを輸入に頼っていました。しかし、欧州戦線が始まると、ドイツ軍の潜水艦（Ｕボート）が大西洋の民間船舶を攻撃するようになり、イギリスへの食糧輸入船の入港が難しくなってしまいます。イギリスもドイツと同じように戦時中の食糧の多くを大豆に頼っていたのです。そのためにイギリスは戦争が始まる前には、大豆を自国の植民地で生産できるようにするため、アフリカ西海岸のガンビア、シェラレオネ、ナイジェリアなどの英国領で試験栽培を続けていましたが、国内の消費量を賄うことが出来るまでには到達せず、友好国からの輸入に頼らざるを得なくなりました。そこでチャーチル首相は急遽アメリカと親密な関係を築き、まだ大豆新興国だったアメリカから大豆を輸入することを考えたのです。こうしてイギリスはアメリカの大豆の供給体制を頼りにするようになります。

アメリカは第一次世界大戦で同盟国に対して、小麦を中心とした食糧支援をすることで、安定した農業基盤確立のきっかけとなりましたが、第二次世界大戦でもアメリカ農業、特に大豆の生産にとって絶好の追い風となり、アメリカ大豆は大きく飛躍することになります。

一方、ドイツは自国の国力を増強するためにも、また戦争への準備のためにも、大豆の安定確保が避けられないことを痛感していました。ナチスドイツ軍は大豆を、満州からシベリア鉄道を経由して輸送することのリスクを避けるために、ルーマニアをはじめとするバルカン諸国での大豆栽培を進めましたが、これらの地域での大豆の栽培は必ずしも順調には進展せず、大豆の確保に苦心していたのです。

満州大豆はすでに、満州国の建国とともに日本の管理下に置かれていたので、必要量を安定的に購入することが難しくなっていました。そこでヒトラーは満州大豆を確保するためには、日本と同盟関係を結ぶ必要があると認識したと考えられます。結局、ドイツは第二次世界大戦の直前になって日本、イタリアとの間で三国同盟を結ぶことにより、第二次世界大戦の中にあっても満州大豆を充分に確保できる体制を構築することになります。

日本が日独伊三国同盟を締結した一九四〇年になると、満州大豆は日本国内への輸出量とほぼ同量をドイツに対しても送っていたことがわかっています。一方、第二次世界大戦が始まると、日本からアメリカへの大豆油などの輸出は停止することになります。

イギリスでは戦争が始まると、今まで食べ慣れていない大豆粉末が使われたソーセージなどが支給されるようになり、急遽大豆粉は市民の重要な食べ物のひとつになるのです。戦争が始まるとアメリカはイギリスに大豆を輸送し始めますが、さらにソ連がこの大戦で連合国側に加わると、ソ連もアメリカに大豆の供給を依頼するようになります。ソ連もイギリスと同様に大豆を戦時体制下の食糧として重要に考えていました。両国は一九四二年には45万４千トンの大豆油をアメリカから供給を受けています。

ソ連では、第一次世界大戦による食糧難がロシア革命につながった歴史があります。ロシアは第一次世界大戦では、イギリスやフランスなどと共に協商国側として戦い、バルカン半島のスラブ系民族が団結してオスマン帝国から独立することを期待していたのです。しかしこの戦いが４年以上も続いたために、国民の生活が困窮し不満が高まってきます。国内の鉄道は戦場への兵士の輸送を優先したために首都ペトログラードへの穀物の輸送ができませんでした。

一九一七年三月には食糧を求めるデモが発生し、これに「戦争反対」や「専制打倒」などの要求も加わる「三月革命」へと発展します。これによってニコライ皇帝は退位し、ロシアには労働者と兵士を標榜するソビエトと、自由主義者たちによる臨時政府の二つが併存する格好になります。ここでレーニンが登場し、戦争反対を叫び国民の支持を得て、ペトログラードを武力制圧して権力を掌握する「十一月革命」へと続きます。こうしてソ連は一九一八年三月にドイツと単独で講和を結び、第一次世界大戦から離脱していきます。

このように第一次世界大戦では食糧不足が国民の不満と政権への不信につながり国家転覆の歴史を見てきただけに、その後の第二次世界大戦の終盤になって連合国側で参戦してきたソ連は、直ちに大豆生産の新興国であるアメリカに対して、大豆の供給を依頼しているのです。この時点での世界最大の大豆生産国は満州でしたが、すでに満州国は敵国の日本に抑えられていました。さらに日本と三国同盟を結んだドイツに大豆を供給する体制を固めている状況の中では、ソ連も戦時体制に備えた食糧としての大豆を得るには、アメリカしか選択肢は残されていなかったのです。

これら連合国からの要請によってアメリカは大豆の増産が急務となります。一九四二年、アメリカ農務省は国内の農家に対して『大豆と戦争：勝利のために大豆を増産せよ』というビラを配布し、その中で「合衆国連邦政府は、戦争に勝利するため大豆油を必要としている。極東の戦争によって輸入が途絶えた10億ポンドの油脂を賄わなければならない。同時に我が同盟国は10億ポンド以上の油脂を今年中に配送してくれと要請してきた。364万haの大豆作付面積が必要になる」と農家に対して呼びかけをしています。この政府からの要請に対し、アメリカの農民は敏感に反応して政府の期待を超える420万haに大豆を作付けし、一気に520万トンの大豆を生産したのでした。これらの大豆は主にイギリスとソ連に向けて輸送されましたが、その大豆は大豆油、大豆粉、大豆粗びき粉として、また乾燥スープ（大豆、エンドウ豆とチーズ）、シリアルなどに加工して輸送されています。もちろん両国ともにこれだけでは国内の食糧は十分とは言えませんが、アメリカからの大豆の供給は大きな支えになったことは言うまでもありません。

アメリカ国内でも戦時中になると、大豆食は肉に代わる食べ物として市民に提供されるようになります。政府はラジオや新聞、雑誌などを通じて、大豆の消費目標を達成するよう、さらに多くの大豆食品を食べるように訴えていきます。国内で生産される肉類は、そのほとんどを兵士の食糧として戦地に送っていたので、市民にはそれに代わるタンパク源として大豆食品を摂るように要請したのです。そして大豆を使った料理本が盛んに出版されるようになります。多くの民衆を大豆食に引き付けるために、政府と学者は共同で市民に呼びかけて、大豆の風味と栄養価値を強調していきます。アメリカ政府は一九四〇年には、牛肉のタンパク質には大豆タンパク質の16・6倍のエネルギーが、牛乳のタンパク質には14・3倍のコストが掛かっていると発表して大豆の優秀さをＰＲしています。こうして戦争の終結までに緊急食糧委員会は大豆料理のレシピを載せた93万枚のリーフレットと会報を市民に配布しています。

これら政府の動きに呼応して、食品会社も独自に小冊子を出版して大豆粉を使った食品の生産量を伸ばし、一九四三年には国内のどのスーパーマーケットの店頭にも大豆食品が並ぶようになっていました。学校の給食や刑務所の食堂、街中のレストランなどでは、大豆粉は健康的でコストの安い優れた食材として、優先的にメニューに取り入れるように指導されました。さらにソーセージの代用品として「ソイセージ」という名称の商品が発売されたり、豆乳と大豆油を使ったマーガリンも広く店頭に並んでいきました。

アメリカ軍でも大豆を戦時食として利用していきます。大豆粉を兵士の粉末スープに入れて栄養の強化に利用したり、豚のソーセージのなかにも栄養効果の高い増量剤として大豆粉を使っていました。さらに軍の戦闘時の食糧として開発された「Ｋレーション」にも、大豆を原料とした食品が利用されていました。このようにアメリカでは第二次世界大戦中には、共に戦っている連合国への食糧支援として大豆を増産するとともに、自国の軍や各家庭にまで大豆食品を深く浸透させていったのです。

アメリカの大豆農家は政府による大豆価格の保証と、軍隊による大豆の需要増大によって、大豆の増産に安心して立ち向かっていくことが出来たのです。アメリカはこれら一連の取り組みによって、この大戦が終了した時には、満州の生産量を越えて一気に世界最大の大豆生産国になっていたのです。そしてその後も勢いは衰えず、アメリカ大豆が増産されていった様子はすでにご存知の通りです。

このように第二次世界大戦はアメリカ大豆にとって大きな飛躍の場となったのです。そして終戦と同時に、日本が供給源としていた満州大豆も満州国と共に崩壊してしまい、世界の大豆生産はアメリカだけという一強の様相へと変わっていきます。いつの戦争においても食料の確保は大きな課題とされますが、とりわけ第一次世界大戦以降では大豆が重要視されるようになっていきます。それは大豆には肉に匹敵する優れたタンパク質と、豊富な油脂を含んでいるために、健康を維持するのに必要な成分に恵まれているだけではなく、利用の仕方によっては水を含ませると豆もやしとしての野菜の働きにも変化するという柔軟さを持っているため、非常時の食糧としてこれ以上のものがなかったのです。こうして大豆はこの二つの世界大戦でその役割を充分に発揮して、一躍世界の主要穀物へと駆け上っていったのです。

しかし、この厳しい戦時体制も終戦と共に世界の食糧事情は徐々に変化し、アメリカ大豆に対する各国の期待も変わってきます。戦争という非常事態が終りを告げ、世界の食料供給に安定感が見えてくると、大戦前までは大豆食に慣れていなくて、戦争中の食糧不足によって無理に大豆食を食べていた人たちの間で大豆離れが起こります。こうして大豆にとっては戦後の新たな時代を迎えることになります。

15.3　アメリカが開発した大豆食品

アメリカでは、大豆栽培に対する研究が始まるとほぼ同時に、大豆種子についての研究も始まっています。アメリカで大豆タンパク質について最初に研究をしたのは、一八九八年のコネチカット州ニューハーベン農事試験場のオスボーン博士と、共同研究者のカンベル氏でした。彼らは大豆タンパク質の主成分がグリシンであることを発表します。一方、ワシントン州にあるアメリカ農務省化学局のジョーンズ博士が、大豆タンパクのアミノ酸について研究を行い、大豆の主要タンパク質のグリシニンの成分がシスチン、トリプトファン、チロシンなどであり、大豆中には人体の栄養上重要なる成分が含まれていることを発表します。さらに、その含量が大豆品種によって違うので、品種の選択が重要であることも発表します。また、同じ部署で油脂について研究をしていたジャムジェーソン博士を中心としたグループが、大豆の品種によって油脂の含有量が違っていることを調べています。

一九二〇年代になってアメリカ国内での大豆生産が本格化すると、民間企業でも農務省の動きに合わせて、大豆を使った商品開発に関心が高まっていきます。そして大豆油はサラダ油、マーガリン、ショートニングなどの食品として使われる一方で、大豆粉を使ったパン、マカロニや菓子類の開発、大豆ミルク、豆乳、缶詰豆腐、大豆コーヒー、大豆胚芽乳などの食品開発の他にも、大豆タンパクを使った接着剤、大豆油を原料にした塗装用ニス、ニトログリセリン、自動車の塗料、インク、さらにはペイント、毛髪用油、石鹸などの工業製品などが開発されていくことになります。

大豆油で作った石鹸は、第一次世界大戦の頃から盛んに使われるようになり、アメリカでの石鹸工業で使用された大豆油は、一九一二年の532トンに対して一九一七年には6万5826トンに増大しています。

当時、食用としての大豆油は綿実油などと混合して使用されていましたが、この頃からマヨネーズにも使われるようになります。さらに一九三九年には大豆油の水素添加が始まり、このことによって脱臭効果が高まり、高級油脂として綿実硬化油と同等に使われるようになります。

そんな中で宗教団体のセブンスディー・アドベンチスト協会（SDA）では、大豆を利用した食品の開発に力を注いでいました。キリスト教プロテスタントのこの教団は、健康的なライフスタイルを目指しており、その活動の一環として植物性食品を積極的に取りあげていました。この活動を具体的に進めたのが、ジョン・ハーヴェイ・ケロッグと弟のウィル・キース・ケロッグでした。

ジョン・ケロッグはニューヨーク大学で医学博士の学位を取得すると、ミシガン州にあるSDAの健康増進保健施設バトルクリーク・サナトリウムで主任内科医を務めますが、この時に彼が行った菜食主義者向けの食品開発には、周辺の多くの人たちが強い影響を受けることになります。

彼は一九二二年になると、独立してケロッグカンパニーを設立しています。ケロッグ社は大豆食品の開発に注力しますが、なかには肉のような食感を持った大豆製品も含まれていたようです。

一九二三年にはウイーンのベルチュラー博士が大豆に短時間加熱蒸気を吹き付け、それを真空蒸留することによって大豆臭を除いた食品用大豆を開発します。この方法が一九三〇年にアメリカに渡り、ニュージャージー州のソーイックス社がこの食品を作る工場を建設したことにより、大豆食品に対する関心が高まっていきました。パン業界ではこの大豆粉に関心を示し、小麦粉に対して12～15％大豆粉を入れたパンが作られるようになります。大豆粉入りパンは小麦粉製パンに比べてタンパク質が約2倍含まれており、しかもパンの形状と貯蔵性が向上したことにより、パン業界での大豆粉の使用量は増えていきました。また、ワシントン州にある農務省化学局のクラーク博士がアメリカ産大豆粉を使ったパンの試験をし、大豆粉混入率20％以下で栄養と嗜好を満足させる結果が得られたと発表しています。こうして大豆粉の用途はさらにケーキ粉、マカロニ、各種菓子、ドーナツへと広がっていきました。菓子業界では大豆粉を使うことにより、卵、牛乳、菓子用油脂などが節約できると注目されました。アメリカでは数種のアイスクリームでも大豆粉を1％以下に混入することが認められます。また、チョコレートに風味付けとしての大豆粉を入れた商品がラジオなどでさかんに宣伝されていました。

一方、豆乳の開発は、一九一〇年にジョン・ルーレー博士によって、下痢に苦しむ子供たちに大豆の懸濁液を与える研究として発表されてから始まります。ここで用いられた大豆ベースの調整粉乳には全脂大豆粉と濃縮牛乳、さらには大麦粉とミネラルが配合され、そこに少量の塩を入れたものでした。このような調整によって、牛乳に含まれている乳糖は大豆タンパクと結びつき、乳児の腸内バランスを和らげる効果となって表れたのです。

ＳＤＡのワシントン・サナトリウム病院では、病院で提供していた食事が、第一次世界大戦が始まると提供できなくなってしまいます。それは戦地への食糧補給のために、地元で生産された乳製品が戦時物資として徴収されて、食材業者はこれらの乳製品を病院へ卸せなくなったのです。そこで病院は、牛乳に代わる食材を見つける必要に迫られることになります。その時に、ここで勤務していたハリー・ミラー博士は乳製品の代替品を、すでに発表されている豆乳を使い、この苦境を切り抜けることを考え、無事に開発に成功します。

ハーバード医学専門学校において、乳児40名に対して牛乳代用として豆乳を与え、成功したことにより乳幼児用大豆食品市場も開発されていきます。しかし、ここでアメリカの乳業界からクレームが起きます。それは大豆製品に「ミルク」の名称を付けることは消費者に対する欺瞞だ、と言うものでした。彼はアジアで広く使われているように豆乳の名称に「ソイミルク」としたのですが、これがアメリカの酪農業者からのクレームとなったのです。

この名称についてのトラブルは現代でも聞くことが出来ます。アジアでは豆乳に「ソイミルク」などの名称をつけていますが、アメリカの乳製品業者にとっては、「ミルク」とは動物の乳房から出たものだけの名称だとの締め付けが出てきたのです。アメリカの酪農業者たちはミルクという名称が消費者の健康イメージを盛り立てていると反駁しているのです。

豆乳に対してミルク、乳という呼び方は国によってその対応はまちまちです。EUでは、その製品が乳房から出ていないと「ミルク」という表示は禁止となっています。だからそれらの商品には「ソイドリンク」と呼んでいるのです。フランスでは「トウニュウ」と日本名で表示しているものもあります。豆乳を永く飲んでいる中国では「大豆スープ」と呼んでいるのもあります。しかし日本を始めタイ、北朝鮮、韓国、ベトナムなど、大豆飲料を古くから飲んでいる地域では大豆ミルクとか豆乳として広く普及しています。このように豆乳の呼び方が世界の各地で争点になるのも、豆乳が牛乳の地位を脅かす存在になってきた証であろうと思われます。

食品分野から外れますが、大豆タンパクが合板用接着剤として大きな用途を拡げていきます。

一九二三年～一九二六年にかけて大豆接着剤の開発が進められましたが、太平洋沿岸にある合板組合は耐水性合板接着剤を完成させて、その展示会を一九二六年四月に開催しますが、この企画に地区の業者はほとんど参加しており、ワシントン州シアトルのラック社もこの時に参加していました。同社は翌年からアメリカ産大豆による合板用接着剤の生産を始め、樅や松の合板による板箱工業、家具合板工業から鏡板に至るまでに用途を広げていきます。これらは樅と大豆接着剤との相性が良かったことが幸いしたようです。それは大豆接着剤に粘稠性があったことにより、刷毛に密着して泡を作ることなく、刷毛を動かすことが出来たことによるとされています。

さらに二硫化炭素を加えることにより、大豆接着剤の耐水力を増すようになります。これらの開発からさらに発展して大豆タンパク質は水性ペイント、紙のサイジング剤にも利用されるようになります。

16　日本の戦後の食糧難

一九三七年七月の盧溝橋事件に端を発した日中戦争が長引くと、米国をはじめとした欧米諸国による日本に対する経済制裁が始まります。日本ではそれまでも国内での稲作が必ずしも安定した状態ではなかったようで、天候不順などによる米の不作がたびたび起こっており、一九四〇年にはすでに都会では米の配給に遅配などが起こっていたようです。第二次世界大戦が始まる前とは言え、すでに日中戦争が泥沼化している状況であり、戦時体制下の食糧難が始まっていました。政府からは国民に対する贅沢の禁止が通達されるようになり、市民生活にも窮屈さが出始めます。さらに日中戦争が長引いているために、中国本土にはすでに多くの兵士を送り込んでおり、国内で生産された食糧の多くを優先的に戦地に送らなければならなくなり、国内では食糧の調達が困難になってきます。さらに農家の働き手がどんどん戦地へ行くようになった一九四一年には、米だけでなく野菜も足りなくなり、食糧難が深刻になってきます。政府は国民に対して昆虫食などを奨励するようになりますが、このような状況は、第二次世界大戦が始まるとさらに深刻度を増していきます。

日本が第二次世界大戦に突入した一九四一年にはすでに国内の食糧事情は逼迫しており、家庭用食用油の切符制も始まっています。2年後には「イモ大増産運動」や、家庭菜園の奨励などが呼びかけられ、学徒出陣が始まります。一九四四年には食糧増産のために、学童５００万人の動員が決定され、先生に連れられて生徒が畑や田圃に出てゆく姿が見られます。

終戦の年となる一九四五年には、東京の盛り場には露店闇市がいたるところに続出しますが、同年三月の東京大空襲によってこれらが一面の焼け野原となってしまいます。こうして八月の終戦を迎えることになります。

第二次世界大戦が終了すると日本をはじめ、多くの国は深刻な食糧難時代に突入します。ヨーロッパなど戦場になった国々の農場は戦車で踏みにじられ、敵軍の侵入を阻止するために地雷が農場にまで埋められており、容易に農作業が再開出来ない状態となっていたのです。日本も多くの若い農民たちが戦場に駆り出されたままになっており、働き手が少ないうえに、国土全体が激しい爆撃にさらされて、肥料も農機具も足りないという極度の状態に陥っていました。

さらに終戦の年の一九四五年は冷夏となり、米の収量も昭和期最悪の凶作となり、例年の6割の収穫しか得られないという状態でした。一方、漁業も働き手が少なくなり、漁獲量も１８２万トンと昭和期最悪の状態でした。このように国内が壊滅状態で迎えた終戦の年は食糧事情も最悪の状態となっていたのです。

市中には戦争で親を失った「戦争孤児」が約12万人とも言われており、上野駅など主要な駅で生活をしている子供たちが多くいました。戦災で焼失した家屋は全国で２１０万戸（総家屋の15％）と言われており、東京は50％以上が破壊されて焼け野原となり、バラック小屋などで冬を迎えるという状態でした。

翌年の一九四六年になると、国内には猛烈なインフレが起こります。それは戦時中の臨時軍事費支出による影響や、戦後の市民の預金引き出しの増加、進駐軍経費や復員軍人手当などにより、紙幣が大量に市中に流通したことによるものでした。そのために白米一升（約1・5kg）の価格は基準価格53銭に対して、140倍のヤミ価格が横行するようになります。食糧不足の中で、ヤミ市での買い出しが出来ない人たちは、雑草を食べて命をつないでいたとも言われています。

政府もこれらインフレを抑えるために、預金封鎖や新円への切り替えなどを行いますがインフレは一向に収まらず、結局は一九五〇年の朝鮮戦争による戦争特需が起きるまで、このインフレは終息することが出来ませんでした。終戦当時には、日本兵はまだ満州に60万人、朝鮮半島に33万人、中国には105万人ほど残っていたと言われています。

このように国民の食糧事情は危機的状態にあり、国民1人当たりの摂取カロリーは戦前の半分となっていました。こうした中で大規模な食糧メーデー（飯米獲得人民大会）が各地でおこります。満州国の消失によって、国内の農家は急遽、稲作と並行して大豆の生産にも力を注ぎ、その努力の結果、終戦後5年目の一九五〇年には45万トン、一九五五年には51万トンと大豆の生産量は順次回復するようになりますが、それでも国内における大豆の必要量を調達することが出来ず、アメリカからの大豆輸入に頼っていくことになります。

表14に戦中戦後の日本の輸入大豆の推移を、食糧庁「油糧統計年報」などから示しました。ここに見られるように、日本の大豆の輸入は一九四五年の終戦の年を境にして満州大豆から一転してアメリカ大豆に切り

表14　戦中戦後の日本の大豆輸入先推移（トン）

年	輸入合計	満州	中国	朝鮮	台湾	アメリカ
1937	750,124	600,396	35	146,845	775	0
1938	810,864	669,445	0	140,353	513	0
1939	776,862	675,824	0	100,704	254	0
1940	498,705	401,408	0	96,664	192	0
1941	504,033	462,451	0	41,671	11	0
1942	634,496	596,223	20	37,270	0	0
1943	991,677	679,500	0	312,177	0	0
1944	927,358	927,358	0	0	0	0
1945	800,000	800,000	0	0	0	0
1946	3,441	0	0	0	0	3,441
1947	15,306	0	4,790	0	0	10,396
1948	49,559	0	13,905	0	0	24,127
1949	190,186	0	30,617	0	0	158,865
1950	197,429	0	102,116	0	0	94,994
1951	373,984	0	5,950	0	0	293,012

食糧庁「油糧統計年報」

替わっていったのです。

こうして終戦の翌年には、アメリカ大豆を３４４１トン輸入しています。ただし、これは正常な経済活動の中で行われた大豆輸入とは少し様子が違っており、極度な食糧難の中での暴動を恐れたアメリカを中心としたＧＨＱによる、緊急避難的な大豆輸入だったとみられています。その後アメリカからの大豆の輸入量は、アメリカ国内での生産拡大により、一九五三年からは増加の道をたどることになります。こうして日本は一九六一年には大豆の輸入自由化に切り替えていきます。

中国からの大豆輸入も復活しますが、それらは食品用途の一部に使われていた程度であり、搾油用原料大豆など多くはアメリカ大豆に頼っていたのが実態でした。

インドやアフリカなどの植民地や開発途上国も含めて、世界中で食糧危機が深刻化しており、戦後も継続して食糧生産が安定していたのはアメリカだけ、という構図になっていたのです。このようにひとりアメリカ農業だけが無傷の状態で、終戦後も戦時バブルが続いていたので、終戦直後から戦勝国も含めた多くの国がアメリカからの食糧支援を求めていたのです。

16.1 苦悩する日本の大豆産業

我が国の大豆供給は、満州国の建国と共にますます満州に依存するようになり、国内の大豆の自給率は一気に下がっていきます。しかし満州大豆の生産増によって、先の表に見られるように国内の大豆の消費は安定して伸びており、まさに満州を頼りにした大豆産業の様相を呈していました。しかし、第二次世界大戦が始まると、国内の大豆産業もいろいろな苦難に直面することになります。

戦後、国内の多くの製油工場は爆撃によって破壊されており、ほとんど稼働できない状態になっていました。農林省油脂課の資料によれば、終戦時の大豆処理能力は関東甲信越地方においては25%程度の破壊でしたが、東海北陸地域では70%が破壊されており、近畿地方でも55%の油脂工場が操業不能の状態でした。その結果、終戦の翌年の油脂生産量は原料となる大豆の不足もあり、戦前の3・7%という悲惨な状態でした。

一方、戦争直前の豆腐業界では、大豆原料の調達に苦労しながらも町内での豆腐の生産は続けることが出来ていました。しかし、突然大きな壁に直面することになります。それは、それまで使ってきた凝固剤のにがり（苦汁）が入手できなくなるのです。

現在よく使われている凝固剤は、岩塩から作られたにがり（塩化マグネシウム）や、石膏を原料としたすまし粉（硫酸カルシウム）、でん粉や糖蜜を発酵させて作るグルコノデルタラクトンなどが主なものです。これらの凝固剤は豆腐の味に微妙に影響を与えるだけでなく、それぞれの凝固力も凝固スピードも違うので、豆腐の風合いにも微妙な差を生み出しています。現在店頭で最も多く見かけるのは「にがり」を使った豆腐です。現代の豆腐には「にがり」がそれだけ多くの消費者の支持を得られているのだと思います。ところがこのにがりは第二次世界大戦において戦時物質として軍による統制を受け、豆腐業者は入手できなくなるのです。豆腐の凝固剤にどんな事件があったのか、我が国の豆腐製造現場で起こった凝固剤の「にがり」が消えた謎について「豆腐の社会学」（黒田寛子）から紹介したいと思います。

現在近所のスーパーなどで豆腐を選ぶときには、その多くには「にがり使用」の文字が目に付きます。「にがり」とは、舐めると苦い味が口に残るので「にがり」と呼ばれるようになったと言われています。はるか昔に豆腐を日本に伝えた中国では、広い国土の多くは海岸線から遠く離れており、海水から得られる「にがり」を簡単に手にすることは出来なかったのです。だから中国で豆腐が生まれた頃の凝固剤は「岩塩から取り出したにがり」とか「石膏」であったようです。しかし、周りを海に囲まれている我が国では、海水からのにがりが比較的安易に入手できることから「にがり」による木綿豆腐が、当初より作られていたと考えられます。

ところが一九四〇年（昭和15年）になると、このにがりが急に豆腐業者の手に入らなくなってきます。そして太平洋戦争への切迫度が高まるとともに、その深刻度を増していきます。一九四一年三月には、太平洋戦争突入と同時に「苦汁及ブロム配給統制規則」の制定が行われ、にがりの生産と配給は政府の統制下におかれることになります。そして一九四二年（昭和17年）以降、にがりが豆腐屋の手元には入らなくなりました。

戦争が始まると同時に多くの若者は戦地に出ていったので、にがりの生産者が少なくなり、生産量が減っていくのはわかります。製薬用途へのにがりの使用は、それまでの7割程度に抑えられますが、供給が続いています。しかしそれ以外の用途へ、にがりは全く供給されなくなります。それはいったいどういうことなのか、それを示す一九四四年四月一三日付の『朝日新聞』の記事があります。

そこには「にがりは大切な航空原料」と題された記事がイラストと共に掲載されています。塩田からのにがり、臭素、加里塩、塩化加里、金属マグネシウムを矢印でつなぎ、それらと飛行機、爆弾、肥料のイラストを関連付けることで、視覚的にもにがりが戦争に必要な戦時物質であることが示されています。こうして戦争と同時ににがりは豆腐屋の前から姿を消してしまうことになるのです。

表 15　戦時物質とされた、にがりの使用用途（単位、石）

	にがり生産量	供出量	製薬用途	豆腐用途	その他用途
1938 年	1,245,989	1,137,292	1,096,256	26,744	14,292
1939 年	1,540,222	1,346,417	1,286,192	15,166	45,059
1940 年	1,445,478	1,318,661	1,244,906	23,806	49,949
1941 年	903,994	810,072	795,300	8,883	5,889
1942 年	928,239	841,450	841,450	—	—
1943 年	891,367	781,002	781,002	—	—

日本専売公社塩脳部塩業課保存資料

こうして豆腐の凝固剤としてのにがりが手に入らなくなったことにより、多くの豆腐屋が利用した凝固剤が「すまし粉」だったのです。戦時中になると戦火も市民の身近に迫っており、豆腐用の大豆も入手が困難になり、豆腐の風味にこだわる状態ではなくなっていたので、凝固剤がすまし粉に変わったことを指摘する声もなかったことでしょう。そしてこの状態は終戦後もしばらくの間続いていくことになります。

豆腐業者にとっては、すまし粉による豆腐生産のほうが製造時の失敗が少なく、豆腐の収率も良かったので、豆腐業者は終戦後もしばらくは、すまし粉のままでした。また、消費者の舌もすまし粉による豆腐の味に慣れていたこともあり、戦後もすまし粉が主力の凝固剤になり、にがり豆腐は過去のものになってしまったのです。さらに昭和32年には海水汚染が大きく取り上げられ、海水から作ったにがりの使用は凝固剤全体の5％程度にまで減少します。そして一九七一年（昭和46年）には日本の塩田は廃止されてしまいます。それ以降のにがりは日本の技術指導により、中国で天然のにがりが作られ、それを輸入し国内で精製して、純白の豆腐用にがりを作って使用するようになります。

しかし近年になって、にわかに「にがり」の健康ブームが起こりました。それはテレビでにがりによるダイエット効果が取り上げられたことがきっかけとなったのです。そこには、脳卒中を必ず起こす遺伝子を持つラットに大豆タンパクを与えると平均寿命の2倍生き、さらににがりの主成分である塩化マグネシウムを混ぜた大豆タンパクを与えると、さらに2倍生きたとして、にがりを使った豆腐の健康効果を紹介したのです。さらに、地球に住む生命体は海の中で生まれてきた歴史があり、我々の血液成分も海水の成分に似ている、だから海水から作ったにがりは体に良いはずだ、というものでした。この放映をきっかけとして次々とにがりによる健康商品が登場してきました。

二〇〇四年になって国立健康・栄養研究所がそのような科学的データはない、と否定してひとまずブームは収まりましたが、にがり豆腐へのこだわりはその後も根強く残りました。現在は固体の塩化マグネシウムを使った豆腐にも「にがり使用」と表記できることから、ほとんどの「にがり使用豆腐」には、従来の海水からの製塩によるにがりでないものになっています。もちろんこのにがり凝固剤もマグネシウム摂取の健康効果は充分に期待できます。これらマグネシウムにはカルシウムが骨に沈着することを助ける働きが知られており、さらに便秘解消の効果も認められていると言われています。

このように第二次世界大戦の戦況がひっ迫するとともに、市民の周りからにがりを使った豆腐が消えていった歴史があったのです。

豆腐を作るときに凝固剤として使われるにがりやすまし粉にはマグネシウムが含まれており、体内に入ってミネラルとして各種の役割を演じてくれます。マグネシウムは体の細胞に含まれている基本的なミネラルであり、細胞の代謝を促進させて血液中のブドウ糖を消費してくれる働きをしています。厚生労働省「国民健康・栄養調査(二〇一七)」などから、現代の30～40代の男女のマグネシウム摂取量を見ると男性で240mg、女性で210mgとされています。これに対して国が定めたマグネシウムの推奨量は、男性で370mg、女性で290mgと男女ともにそれぞれ約100mg不足しているとされています。マグネシウム不足は血管の平滑筋の柔らかさを損なう恐れがあり、末梢血管への血液の循環が衰えて老化を促進すると言われています。豆腐には大豆に含まれているマグネシウムと凝固剤によって加えられたマグネシウムによって、体に不足しているマグネシウムを補強するのに優れた食材と言えます。

豆腐業者は、終戦時の一九四五年（昭和20年）の厚生省の資料によると、豆腐営業許可数は3万4622軒でしたが、戦後の仕事を求める人たちが豆腐業に流れ込んで一気に膨れ上がります。当時は、食えなくなったら豆腐屋をやれ、と言われており、昭和35年になると全国の豆腐屋は5万1596軒にまで増加しています。しかし、昭和42年になると近代化促進法の適用業種となり、協業化や大手商社、乳業メーカーなど他産業からの参入や、スーパーの自社生産工場の稼働などによる規模の拡大と集約化が進みます。ここから零細業者の後継者難などによる廃業が相次ぎ、二〇〇三年（平成15年）には8017軒にまで減少しています。

一方、日本の醤油メーカーも第二次世界大戦後、大豆の供給基地であった満州を失ったことで大豆の入手が困難となり、多くの醤油醸造元が廃業するという、苦難の時代を経てきています。戦後の占領政策を進めていたGHQは、原料大豆が不足している中で醤油を作ることに難色を示し、むしろ大豆を原料としないケチャップやドレッシングなど、洋食への移行を強く推奨していたのです。この時に廃業した醤油醸造元は、全国で一五〇〇事業所を超えたと言われています。

このような苦境のなかで千葉県野田にあった醤油メーカーが、むしろ醤油未開拓地のアメリカで醤油を販売することにより、醤油事業を継続していくことを決断し、一九五七年にアメリカでの市場開拓に取り組みます。勿論それまで醤油の味になじみがなかったアメリカ人に醤油を紹介することは、多くの苦難があったことは想像されます。しかしこの努力が少しずつ実り、今ではアメリカだけではなく広く海外で使われるようになり、国内の醤油消費量の減退を支えるもうひとつの大きな市場となっているのです。このように海外で醤油の需要が盛んになる背景として、海外での和食ブームがあります。外国で和食店を開店すると、そこで使われる醤油の多くは日本から輸入しなければなりません。こうして国内での消費量の減少とは対照的に、海外での醤油の消費量は大きく伸びているのです。

16.2 我が国の戦後の大豆政策について

こうした中にあって油脂類は政府による統制規則などによって厳しく管理され、さらに雑穀や動物油脂の配給規則など、物資の取り扱いが細かく規制されていました。しかし、一九五〇年（昭和25年）になると局面が一変します。この年の六月に朝鮮戦争が勃発し、連合軍による戦争特需が発生するようになります。この流れを受けて政府は八月には、それまでの大豆などの「輸入貿易管理令」を廃止して、輸入自動承認制度に変え、大豆もその対象に含まれることになります。そして一九五一年（昭和26年）三月には全油糧原料の輸入自由化が認められ、大豆搾油事業が元の姿に戻ることが出来たのです。

しかし、ここで一気に大豆に対する国内需要が膨らんでいったことにより、大豆の輸入量が大きくなり過ぎ、一九五三年（昭和28年）には外貨不足の状態となり、緊急施策として輸入抑制策が敷かれることになります。こうして大豆の輸入に対して再び割当制度が摂られるようになります。

一九五五年にはアメリカから、大豆など10品目の自由化を強く迫られます。アメリカも国内で生産された大豆の輸出が低迷し国内在庫が膨らみ、その輸出先を求めていたのです。しかしアメリカからの要求に対する国内での話し合いはまとまらず、結局大豆の輸入自由化は一九六一年（昭和36年）七月にまで伸びることになりましたが、ここでやっと大豆の輸入自由化が実現して、製油産業の戦後の混乱が終わることになります。

16.3　アメリカの大豆輸出

アメリカは第二次世界大戦が始まる前までは、一九三〇年代から続いていた不況の中にありましたが、戦争が始まるや食糧の増産だけではなく、各種兵器などの大量生産が始まります。そして軍事支出の急増により、国内を覆っていた不況は吹っ飛んでしまい、戦時経済に湧いたのです。

そのような中で、農民に対しては大豆の増産を要請して連合国に対する大豆、大豆油の補給に貢献していきました。しかしこれも終戦によって国内に過剰な大豆在庫を抱えることになり、それが国内の大豆価格を押し下げ、農民の生活を不安定にしていきます。

一方、日本では国内で必要とされる大豆を自国で生産することが出来ず、アメリカからの輸入に頼るようになります。一九六〇年になると日本の大豆輸入量は100万トンを突破し、一九六五年には200万トンも突破します。さらに一九六九年には300万トン突破と輸入拡大のテンポを速めていったのです。当然のことながら国内での大豆生産は低調になり、大豆はアメリカに完全に依存する形となっていきます。大豆を国内で自給できない状況を目の当たりにして、日本政府は徐々に輸入体制に切り替えていきます。一九六一年から大豆の輸入関税を引き下げていき、一九七二年には関税の撤廃へと一気に進むのです。こうして一九七七年の大豆輸入量は400万トンを超え、一九九六年にはついに輸入大豆は500万トンを突破していったのです。現在も大豆に対する輸入関税はゼロで、海外からの大豆輸入に頼る状態が続いている反面、米の輸入関税は依然として高い税率（従価税換算で778％）を維持しており、国内の米農家を守っているのです。

現在の日本の輸入大豆はどこからきているのか、農水省の統計資料から見ると、二〇一八年の大豆輸入総量323・6万トン、その72％にあたる232万トンの大豆はアメリカから来ており、次に多いのがブラジルの56万トン、続いてカナダの33万トンとなっています。今や中国は国内での大豆生産に力を入れ、年間1600万トンの大豆を生産していますが、それでも世界最大の大豆不足国であり、年間9千万トンの大豆を輸入しているのが実態です（二〇一八年）。80年前には満州を拠点とし、大豆の輸出大国として世界に君臨していた中国は、今や世界最大の大豆輸入国になっており時代変遷の激しさを感じさせられます。日本は戦後の一九五四年には約43万haあった大豆の栽培面積も、二〇〇八年には14万7千haへと1／3に減少しているのです。

アメリカでは、第二次世界大戦が終結した時に、大豆生産者の間では戦時中の連合国への食糧支援による大豆需要が終戦後も続くかどうかについて大きな議論となりました。このまま大豆を生産し続けていると、生産過剰による価格の下落を招くのではないかという悲観論と、ヨーロッパや日本は基本的に食料不足になり、アメリカ大豆にとって今後も大きな市場になるのではないか、という楽観論とが交錯して、農民の間で大きく揺れていました。しかし実際に戦争が終わってみると、世界は極度の食糧難時代に突入していき、大豆の需要は欧米ではその後一時的に低迷して、在庫の積み増しも起こりましたが、世界全体で見ると大きな停滞になることはありませんでした。

アメリカ大豆協会（二〇一三年からアメリカ大豆輸出協会と改称）は終戦の翌年の一九四六年には３４４１トンの大豆を日本に向けて緊急輸出しています。我が国では大豆はそのまま毎日の食卓に直結している重要な食材であり、その供給が途絶えたまま放置すると大きな社会混乱へとつながっていくことを危惧しての対応だったと思われます。こうしてアメリカから日本に向けた大豆の輸出は続き、一九五五年には57万トンと輸出量が急拡大しています。その後も日本への大豆輸出のペースは拡大を続け、一九六五年には２１７万トンにまで増えていきます。このようなアメリカからの大豆の急増は、戦争中に大豆を輸出していたイギリスやソ連に向けての大豆輸出が、戦後になって急速に減少していたことも大きく影響していたのです。

アメリカ大豆協会は一九五五年一〇月にはアジア市場の調査を行い、「日本は極めて有望な潜在市場」であるとの報告書をまとめ、翌五六年四月、同協会初めての海外事務所が東京に開設されました。そして一九五八年には日本はアメリカ大豆の世界最大の輸入国になります。

わが国は大豆以外にも、小麦やトウモロコシなどの食糧支援もアメリカに求めています。そしてアメリカから日本に支援された小麦はパン食を中心とする洋食化への推進力に、トウモロコシや大豆は畜産飼料原料として肉食、乳製品の普及への力となって、それまでの米を中心とする和食の食習慣を徐々に変えていくことになるのです。さらに戦勝国となったアメリカは映画などを通じて豊かなアメリカの食生活などの情報を発信し続け、その姿に憧れる貧しかった日本人を洋食や西洋的な生活習慣へと誘導していったのは歴史の知るところです。しかしこれらは我が国に限ったことではなく、広く世界に向かって発信していったアメリカ風食習慣は、各国で肉食を中心とした洋食へと食文化を広げていき、それらの流れは畜産飼料としての大豆ミールの需要拡大へとつながっていくことになるのです。

各国の戦争による農場の破壊も終戦と共に徐々に回復していき、食糧の生産力も向上していくようになります。そして各国の農業が回復するにつれて、アメリカでは第二次世界大戦による戦争特需も一段落し、その後に現れた穀物の過剰在庫の処理に苦慮するようになります。

アメリカ市民も配給制度が終わってみると、それまで強要されていた大豆食に飽き飽きしてしまいます。マリリン・モンローが演じた一九五五年の映画「七年目の浮気」では、まじめな主人公が行きつけのレストランで注文したのが戦争中に奨励されていた「七番の特別食」で、その中身は大豆ハンバーグと大豆フライ、大豆シャーベットとティーでしたが、注文を受けたウエイトレスは野暮な男の注文と鼻であしらっているのが印象的な場面でした。このような風潮はヨーロッパでも起こっており、戦時中の食糧難の時代が遠のくと、欧米の市民は大豆食を避けて元の肉食中心の食習慣に戻ってしまうのです。

16.4　アメリカの余剰農産物

アメリカ政府は戦後の穀物在庫の増大に対して、小麦やトウモロコシなど在庫量の多い穀物の減反政策を進めましたが、これに対して農家は減反した畑に大豆を蒔いて収入減に対応しようとしたため、かえって大豆の在庫が増えていくことになります。政府は国民が大豆タンパク質を食べるようにキャンペーンに力を入れ、大豆の消費拡大へと働きかけますが、大豆食品は今や安っぽい余り物としか見られなくなっており、その結果としてアメリカの農家には、生産された大豆が大量に在庫として滞留するようになったのです。政府はその解消のために一九五四年に「余剰農産物処理法」を制定し、アメリカ国内で処理しきれなくなった穀物の過剰在庫は戦争の傷跡の消えないヨーロッパやアジアの飢餓解消として払い下げていく道を開いたのです。その最初の恩恵を得たのは日本でした。当時、日本は伊勢湾台風によって農家の被害も大きく、国内では死者が5千人を超える大被害をこうむり、完全に疲弊した状態でしたが、アメリカからの食糧支援によって切り抜けることが出来たのです。

この制度の特徴は、余剰農産物の決済を農産物の受け入れ国の通貨で決済しておき、その決済金を相手国に積み立てておくというところにあります。そして積み立てられた代金で、その国に必要な物資を買い付けたりその国への経済援助にあてるというシステムであり、さらには食糧不足や飢餓に悩む国への贈与にも使うというものでした。いわば輸出拡大と復興支援を兼ねた余剰農産物処理方法といえるものでした。アメリカ政府はこの協定を世界90ヵ国と結び、日本も一九五五年、五六年の二度にわたってこの協定を結んでいます。この時代にはアメリカは繁栄を極めており、アメリカ人は世界の自動車の3／4以上を所有して「栄光の時代」を謳歌していたのです。

16.5 戦後の洋風化と畜産業

一方、アメリカでは徐々に大豆タンパクに対する需要が低迷するという現象に悩まされることになります。大豆製品の内、大豆油はマーガリンや食品加工への用途、さらには油脂を使った工業製品など、その用途は多岐にわたっていて安定していました、しかし脱脂大豆から作られた大豆タンパクの食品用途は、市民からの強い拒絶によって閉ざされてしまいます。このことに危機感を持ったアメリカの大豆生産農家で組織されたアメリカ大豆協会は、大豆の利用研究が進んでいる日本とドイツに職員を派遣して新たな大豆粕の用途を探る活動を始めています。

そこで浮かび上がってきたのがドイツですでに進められていた、大豆粕を家畜の飼料として与えて、牛乳をはじめとする牛肉、豚肉、鶏肉などを生産するという畜産への利用でした。アメリカ大豆協会はこの大豆粕の利用技術を世界に展開して、新たな大豆粕の道を開いていく取り組みを始めます。アメリカ大豆協会は日本にも技術者を派遣して飼料会社や畜産業者にその技術を指導しながら、脱脂大豆の家畜飼料への道を開いていったのです。

その動きは、戦後の各国に起こった経済復興に伴う「食の洋風化と肉食への傾斜」という流れになって膨らんでいくことになります。今では脱脂大豆が畜産用飼料の主要な原料として普通に使われていますが、その動きはここから始まっていたのです。こうしてアメリカの大豆農家も世界の大豆搾油業者も、それぞれが再び安定した産業として現代に引き継がれているのです。

一九六〇年代に入ると先進国を中心に、可処分所得の増進に伴い肉食と食用油脂の消費量拡大が始まります。先進国全体で見ても一人あたりの食肉消費量は、一九七六年までの15年間に54・４kgから73・２kgへと伸びており、日本も一人あたりの年間食肉供給量が２kgから７kgへと著しい伸びを示しています。先進国の食肉消費量の勢いはその後も続き、一九八八年の81kgへと拡大していきます。現在では経済力をつけてきた新興国の食肉消費量もこれらの動きを強めており、このことが畜産飼料原料である大豆粕の需要を今も強く押し上げ続け、世界の大豆生産はその後も一貫して伸び続けているのです。

17　アメリカ大豆のつまずきと南米の抬頭

こうして、アメリカの大躍進とは逆に満州の大豆生産は日本の敗戦と伴に崩壊し、世界の大豆はアメリカ独壇場の時代へと移っていきました。アメリカの大豆生産量は一九四五年には中国を抜いて世界第一位となり、大豆の輸出も第二次世界大戦中の連合国向けの輸出にとどまらず、広く世界に向けた大豆輸出へと踏み出していきます。国際市場に中国大豆という先輩格がいたとはいえ、アメリカは急速にその輸出量を拡大して、徐々に世界の大豆市場での地位を高めていきました。しかし、世界の大豆市場で独占的地位を築いたアメリカにとって大きな波乱が起きることになります。

17.1　アメリカ大豆に強敵現れる

ここまで見てきたようにアメリカ大豆は動乱の20世紀にあって、世界に向かって他に追随を許さない大豆王国でしたが、20世紀後半になってブラジル、アルゼンチンという強力な大豆競合国が登場してきて、アメリカ大豆の独断場が終了してしまうことになります。

図7と図8に示した2つのグラフは、アメリカ大豆の生産量と輸出量が世界に占める割合を表したものです。これに見るように終戦後一九七〇年代のアメリカは、世界の大豆生産の約80％を占めるところまで拡大していき、アメリカ大豆の独断場が展開されるようになります。さらに大豆輸出でも一九六九～七六年の8年間は世界の輸出量の95％以上を占めるという、まさに世界の大豆はアメリカが一手に担っていたと極言出来る状態が続くことになります。こうして世界各国は大豆を輸入するためにはアメリカに頼らざるを得ないという状況にありました。

図７　世界におけるアメリカ大豆生産比率の推移

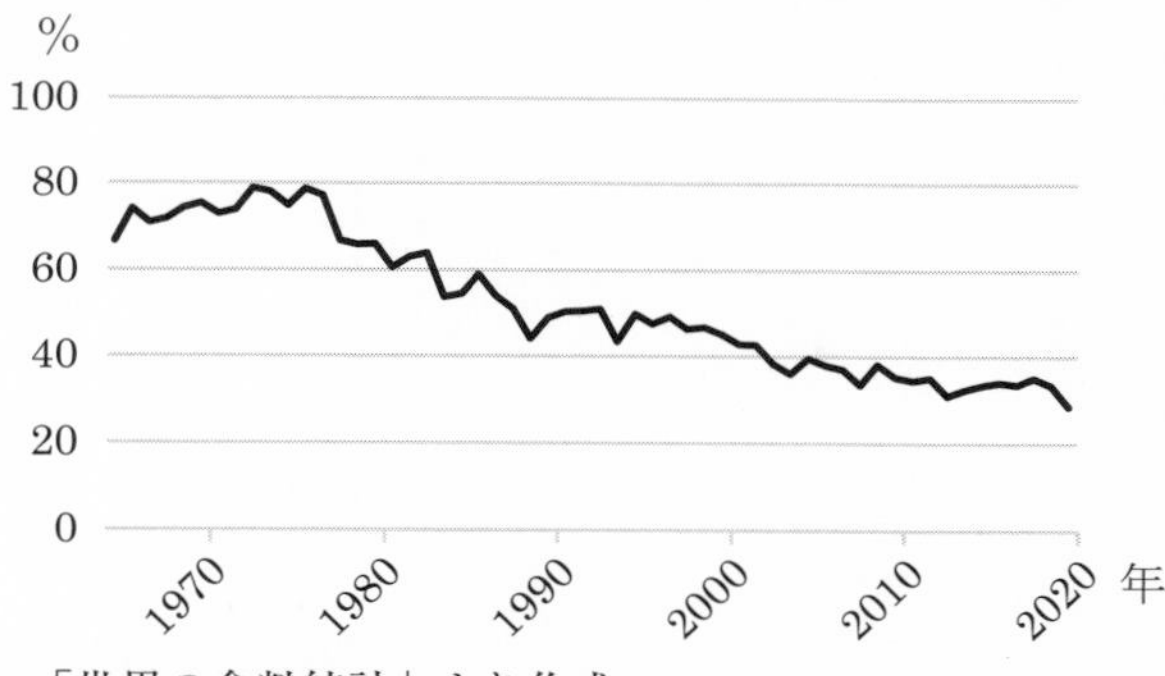

「世界の食料統計」より作成

図８　世界におけるアメリカ大豆の輸出推移

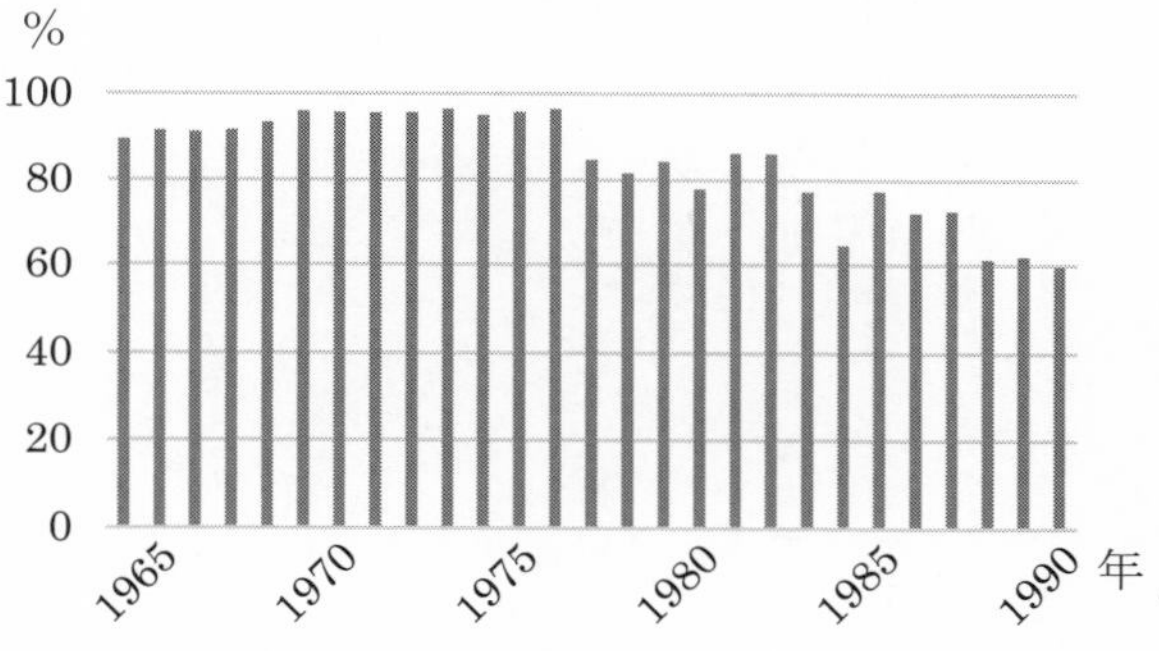

「世界の食料統計」より作成

この様な大豆のアメリカ一極集中の時によく聞いた言葉が「食糧戦略」でした。それはアメリカが持つこれら独占的食糧供給力を武器として、世界に政治的圧力をかけていたことを意味しています。しかし振り返ってみても、二つの世界大戦においてもアメリカは食糧を同盟国に送りながら戦いを支えていくという、食糧戦略を続けていました。しかし、その頃はまだ満州という強力な競合国がありましたが、第二次世界大戦以降はアメリカだけという独断場の大豆供給体制になっており、食糧戦略の景色がすっかり変わってしまいました。そしてそのことによってもう一つの懸念が生まれてくることになります。それは、アメリカが何らかの都合によって大豆の輸出を止めた時の不安定さです。そしてそのことが起こったことによって、その後のアメリカ大豆の姿は少しずつ変わっていくことになります。

一九七二年～七三年にかけて南米ペルー沖では、それまで捕れていたアンチョビー（カタクチイワシ）の不漁が続いたのです。このアンチョビーは南米の西海岸に沿って、深海から冷たい海流が上昇してくるのに乗ってくるのですが、そのためにはこの付近の海面上の風が東から西に吹いていないと、この海流は発生してこないのです。そしてこの年になってこの海流が起こらなかったことにより、アンチョビーは不漁になってしまったのです。このアンチョビーは家畜の飼料用として広く安定的に使われていたので、不漁によってアンチョビーが不足してくると、それに代わる飼料用原料として脱脂大豆に需要が集中し、大豆価格が高騰するようになってきます。

世界に大豆を供給しているアメリカにとっては、大豆価格が高騰してくれるのは有難いことですが、それらの飼料で育てた国内の畜産物の価格が高騰することにより国内の消費者から不評を買うのも、当時のニクソン政権にとって避けたいところでした。そこで国内の大豆価格を安定させるためにニクソン大統領は海外への大豆の輸出を一時停止するという措置をとったのです。

17.2　田中内閣のブラジル対策

この影響でアメリカ大豆に頼っていた日本では、アメリカからの輸入大豆の在庫が底をついてしまい、豆腐など国内の大豆製品の価格が高騰して社会全体が騒然となりました。各町内の豆腐屋の前には長い行列が出来たり、豆腐の値上につられて品不足を恐れた消費者の買い占めなどが発生していたのです。当時の田中角栄首相は、アメリカ一国に大豆を頼っている不安定さを強く認識し、今後の大豆の安定供給のためにはアメリカ以外の大豆供給国を育成すべきだとしてブラジルを目指したのでした。

ブラジルには20世紀初頭に多くの日本人農民が移住しており、彼らによって大豆栽培も続けられており、そこには世界最大の日系人社会が作られていたのです。田中首相を乗せたヘリコプターが荒れ果てたセラードと呼ばれるブラジルの荒地の上を飛んだのが、この地での大豆開発のスタートとなったのです。

セラードはブラジル全土の24％を占める広大な面積であり、ポルトガル語で作物が育たない不毛の地を意味する「閉ざされた」という言葉で呼ばれているところです。この地を日本の協力で大豆畑に開発しようと言うものでした。ブラジル政府も直ちに「ブラジル農牧研究公社」を立ち上げ、大豆生産への取り組みを始めました。ここでの開発作業は、強い酸性を示す土壌に石灰を投入して中和することから始められました。この事業は二〇〇一年までの21年間にわたって、34万5千haを造成し、灌漑を整備し、入植農家に対する技術、金融両面から支援をしていくという多岐にわたる取り組みでした。

このセラードでの大豆栽培については、日本の国際協力機構（ＪＩＣＡ）を核にして、大量の資金と長期にわたる技術供与を行いながら、不毛のセラードを大豆畑に変えていったのでした。アメリカの農業研究者も加わりましたが、ブラジルにおけるセラード開発に日本の果たした功績は非常に大きいものでした。今ではかつてセラードだった土地からの大豆生産量が、ブラジル大豆全体の6割を占めると言われています。こうしてそれまで大豆生産に力を発揮していなかったブラジルが初めて世界の大豆市場に登場してきたのが一九七七年でした。

17.3　ブラジル農業の主役に躍り出た大豆

満鉄を設立して日本が満州大豆に直接かかわってから、すでに1世紀が過ぎています。ここには満州に軍隊を送り込み、国際連盟から離脱してまでこだわった我が国の大豆の歴史がありました。しかしもう一つ満州大豆の影に隠れて皆の意識の中から消えかかっている大豆の歴史があるのです。それは満州大豆の陰で静かに繰り広げられていた、ブラジルへの農業移民と彼らが現地で行ったとされる大豆栽培です。コーヒー豆の国と思われていたブラジルが、今では世界最大の大豆生産国となっている、このブラジルの変化の歴史に日本も大きくかかわっていたのです。

ブラジルが長かったポルトガル植民地時代から独立したのは、19世紀に入ってからでした。そのポルトガル植民地時代には砂糖や綿花を、ポルトガルなどを通じてヨーロッパへ輸出して国の経済を賄っていましたが、一八四〇年頃に南部リオデジャネイロでのコーヒー栽培に成功したことがきっかけとなり、ブラジルの農業はその姿を大きく変えることになります。それまでブラジル北東部で行われていたサトウキビ栽培や綿花などの需要が衰退していくのに伴って、ブラジルを支えていた農業生産が徐々にコーヒー豆栽培へと切り替わっていくことになります。もちろん19世紀半ばのブラジルの経済を支えていた柱はこれらコーヒー栽培だけではなく、金や銅など鉱物資源採掘なども重要な経済の柱でした。

こうしてコーヒーに国の経済の多くを依存していたブラジル農業には、そのモノカルチャー経済からの脱却が求められていました。そしてここでブラジルのコーヒー豆の輸出比率が、一九六五年の57・2％から二〇一三年の5・5％へ低下し、逆に大豆関連商品が大きく伸びるという変化が起ります。一九七〇年代後半から大豆の栽培地を求めて、欧米企業がブラジルに大豆を持ち込んできたことによってブラジル農業が大きく変貌していきます。こうして20世紀後半になると、ブラジルに欧米のアグリビジネス企業が大豆事業に花を咲かせたのです。

そこには日本のセラード開発により、未開の地であった不毛の地が、大豆栽培に適した耕作地へと大きく様変わりして、ここに大豆栽培が力強く立ち上がっていったのです。そしてアメリカの大豆企業の進出、さらには港湾設備などのインフラ整備などによりブラジル大豆の基盤が整うことになります。

一九七七年にはブラジルから世界に向けた最初の大豆輸出が始まり、そしてその規模は急速に拡大していくことになります。二〇一三年の時点では、コーヒー豆の農産物輸出額への貢献度は七位にまで後退しており、大豆関連製品が約300億ドルと、全体の輸出額の1／3を超えるところにまで大きく発展しているのです。ここではその変遷の舞台裏を見てみたいと思います。

二〇一四年にサッカーのワールドカップがブラジルで開催された時には、ブラジルの街角からさかんにテレビ中継されていました。そこに映し出された大勢の日系二世、三世のブラジル人の多さに驚かれたのではないでしょうか。20世紀初めには日本からブラジルへ、新天地を求めて大勢の農民が移住していたのです。

移住当初彼らはブラジルの大地を開墾し、苦しい作業をしながら農業で自らの生活の道を切り拓いていったのですが、当然のこととして彼らは日本から自分たちの食生活の基盤であった、大豆を持ち込んでいたのです。こうしてブラジルでの大豆栽培は、一九〇八年頃サンパウロ周辺に移住した日本人によってスタートをきっていたのです。しかし気候の違いなどにより大豆の生育が悪く、また南アメリカ大陸の住民たちの間では大豆を食べる習慣もなく、大豆栽培は順調に拡大していきませんでした。

現在ブラジルに住む日系二世、三世は150万人以上と言われており、世界最大の日系人社会がここに作られています。満州への移民政策もブラジルへの移民も、共に日本政府の政策として推し進められたものでしたが、その後の日本社会への影響の大きさと地球の裏側という距離の隔たりによって、ブラジル移民の働きの様子は多くの日本人の意識の中からいつしか消えてしまっていたのです。

彼らはブラジル南部の、日本と比較的気候が似ている地域で大豆栽培を始めましたが、彼らの努力にもかかわらずブラジルでの大豆は大きく発展することが出来ませんでした。ブラジルの統計上で大豆が登場するのは一九四一年からです。この年にはリオ・グランデ・ド・スル州で７００haに植え付けられて４５７トン収穫されたとしています。

一九五〇年頃になってブラジルの南端で小麦の裏作として大豆の栽培が始められましたが、ここはアルゼンチンにも近くて気候も比較的涼しく、九州の南部程度の気候だったために大豆栽培が順調に定着していきました。そしてそこから徐々に栽培地域が北のほうに広がっていきます。ブラジル大豆の作付面積は、一九六五年から一九七〇年の間に3倍以上になり、さらに一九七〇年に対して一九八〇年は6・7倍と急拡大していきます。ここにはアメリカのアグリビジネス企業の参入が大きく寄与しています。ブラジルでの大豆の栽培地はリオ・グランデ・ド・スル州からパラナ、サンパウロ州へと広がり、さらに北部のマトグロッソ州などへと一気に大豆栽培地を拡大していったのです。

ブラジルの栽培地は、マラニャオン州などの地域は南緯8度の赤道直下に位置しています。これら熱帯と呼んでよい地域で大豆が生育できるのは、栽培地域の海抜の高さにあります。ブラジルでは海抜２００ｍ以下の平野は全面積の41％しかなく、他の地域の大部分は海抜２００～１２００ｍの高原であり、気温がそれほど高くなく、緯度が低い割には温暖な気候なのです。

ブラジルはアメリカに比べて農地価格も安く、大豆栽培の事業化には適していたのです。また、世界の大豆市場は更なる生産量を求めており、未開のブラジルの地はまさに時代の要請に適合していたのです。こうして大豆の未開の地にアメリカの栽培技術を持ち込んだことによって、ブラジルでの大豆栽培は急拡大していき、今や世界最大の大豆国にまで成長しています。
ブラジル大豆の生産量は二〇一七年から世界の第1位に、輸出量ではそれよりもさらに早く世界第1位となっており、今ではアメリカを抜いて世界の大豆王国に君臨しているのです。この飛躍への裏にはどんなドラマがあったのでしょうか。

17.4　輸出規制に影響されるアメリカ大豆

ブラジルが徐々に大豆生産に力をつけて来ていた一九八〇年に起こったのが、アメリカの次の輸出規制でした。アメリカ大豆は、この頃にはブラジルが伸びてきたとはいえ、まだ世界の大豆生産量の65％を占めていました。世界はまだまだアメリカの大豆に頼らなければならない状態であり、アメリカ大豆は世界に向かって強力な食糧戦略としての力を発揮していたのです。このような時に起こったのが、ソ連軍によるアフガニスタン侵攻でした。

一九七九年末に旧ソビエト軍のアフガニスタン侵攻が始まりました。内戦が続いていたアフガニスタンに親ソ政権が成立すると、ソ連はそれに応えて軍事侵攻するようになります。ソ連はイスラム教国のアフガニスタンを攻め、占領しようとしたのです。アメリカはこのソ連による侵攻を阻止する手段として、直接の軍事衝突を避けて食糧戦略を前面に出して、穀物の輸出禁止という対抗措置をとったのです。それまでのソ連は計画経済に基づいて毎年、アメリカと協議をしながら1年間の大豆などの購入量を決めて計画的に輸入していたのです。そのためにアメリカという大豆の供給先を閉ざされたソ連は直ちに南米のブラジル、アルゼンチンに向かい、ここに大量の資金を投入して、輸出港の整備など自国への大豆調達への道を開いていったのです。このことによって、それまで国際市場に登場していなかったブラジルが大豆の輸出に意欲を燃やすようになります。

図９　３大大豆生産国の生産量推移

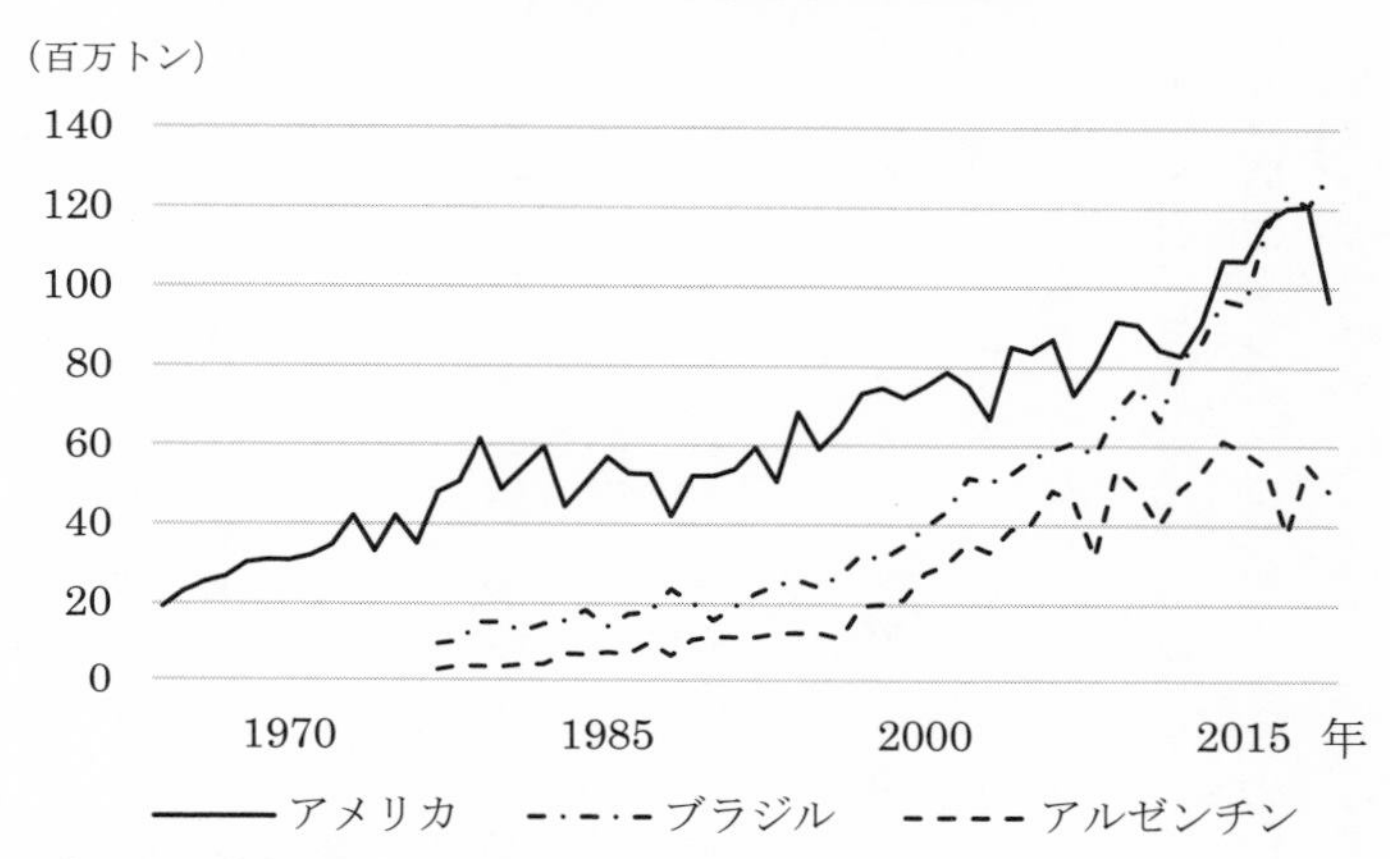

「世界の食料統計」より作成

このアメリカの食糧戦略に対してソ連はアメリカに代わる大豆の輸出国として南米のブラジルとアルゼンチンなどを目指して交渉を進め、その結果ソ連はこの一九八〇年度のアメリカの穀物禁輸措置以降には、輸入先をアルゼンチン、ブラジル、オーストラリア、カナダ、フランスなどの国に分散しており、再びアメリカからの輸入体制に戻すことはありませんでした。ソ連はその後、大豆の自国生産に力を入れるようになり、二〇二一年度の自国の大豆生産量も４８０万トンに達しており、国内の大豆消費量５２０万トンの92％は自国生産でまかなうことが出来るほどに拡大しているのです。

ソ連がアルゼンチンの輸出港であるバイアブランカ港の施

設の拡張、近代化工事など巨額の費用を供与することにより、南米大豆の国際市場への道が大きく開かれていき、ブラジルも国際的に注目を集めている大豆輸出に意欲を燃やしてその勢いを増していき、ついにアメリカ大豆を超える大豆生産国に成長していったのです。そしてアメリカにとってソ連市場は遠い存在になってしまいました。

輸出規制がもたらした後遺症

ソ連軍のアフガニスタン侵攻について概略を書きましたが、この輸出規制はその後も世界を揺るがす問題につながっていき、深い後遺症を引き起こすことになります。

ソ連軍が一九七九年にアフガニスタンへ攻め込んでいきますが、この時代はまさに東西冷戦の時代であり、サウジアラビアはアメリカとの絆を強めていたので、サウジアラビアからは同じイスラム教国を救おうと多くの義勇兵がアフガニスタンに向かったのです。アメリカは彼らに資金と武器を与え、サウジアラビア政府にももっと義勇軍を募るよう求めていきました。

このソ連によるアフガニスタンへの侵攻はイスラム教国に対する侵略ととらえられ、イスラム教を厳格に守るサウジアラビアにとって、それはアラーを否定する無神論者の侵攻と見えたのです。こうしてサウジアラビアからは同じイスラム教徒を守ろうと多くの義勇兵が現地に向かいます。その中にオサマ・ビンラディンも含まれていました。アメリカの敵ソ連は同時にイスラムの敵であり、サウジアラビアの敵でもあったのです。こうしてサウジアラビアとアメリカは義勇軍に対して資金と武器を与えていたのでした。その結果イスラム勢力による抵抗でソ連は9年間に及ぶアフガニスタン侵略から軍を撤退させますが、その後もアフガニスタンは内乱状態となり国内は不安定な状態が続きます。

このソ連軍のアフガニスタン侵攻をきっかけに、サウジアラビアはアメリカとの関係を強めていきます。そしてアメリカ軍がサウジアラビアに駐留するようになりますが、これが一部のイスラム教徒にとって強い反発を招きます。義勇兵としてアフガニスタンに遠征していた者たちにとっては、アフガニスタンに入ってきた共産主義者を排除したら、こんどは自分の国サウジアラビアにアメリカが入り込んできたとしてアメリカに対して強い敵意をもつようになります。

アフガニスタンに侵攻してきた旧ソビエト軍に対峙した抵抗勢力は、その後も先鋭化しており、異なる複数の過激派集団が生れてきます。この混乱と不安定な状態が続くことにより、ここにイスラム原理主義勢力タリバンが抬頭し、そこにウサマ・ビンラディンが加わります。ウサマ・ビンラディンはサウジアラビア出身のイスラム教徒でしたが、国際テロ組織「アルカイダ」を組織してそのリーダーとなり、二〇〇一年九月一一日にアメリカ同時多発テロを起こしたことは皆さんの記憶に深く刻まれている通りです。

このように一九七九年のアメリカの穀物の輸出規制は、アメリカ大豆が南米という競争相手を生み出したばかりでなく、それが尾を引いてニューヨークの世界貿易センタービルへの旅客機の突入というアメリカ同時多発テロ事件にもつながっているのです。こうしてアメリカの輸出規制に始まった40年間の歴史は多くの傷跡を残すことになりました。

そしてアメリカの独壇場であった大豆市場は、アメリカがとった穀物輸出規制という食糧戦略によって南米という強力なライバルの出現を招くことになり、その後はブラジルもアマゾンなどの森林を伐採しながら生産地を広げ、アルゼンチンも大豆市場の魅力に強い関心を払い、現在では南米両国はアメリカを越える大豆大国に成長しているのです。

17.5　アメリカ大豆の後退

この2つのアメリカの輸出規制によって、一九七〇年代に世界の大豆生産の8割を占めていたアメリカは、その大豆生産比率を急速に後退させた。その後ブラジルやアルゼンチンなど南米の大豆の増産体制と、さらにはこの流れは周辺のウルグアイ、パラグアイ、ボリビアへと、そしてさらにカナダやロシアなど、大豆の経済性に注目した各国が、大豆に対する取り組みの強化によって生産量を増やしていき、多くの競合国を生み出す結果となったのです。

アメリカ大豆の後退のきっかけはこれら2つの穀物輸出規制にあったことには間違いありませんが、それだけではなかった背景もあるのです。そこについて少し眺めてみたいと思います。そのひとつはアメリカ農家自体の疲弊による競争力低下です。

一九八五年のアメリカの農家人口は536万人となっており、全人口の2・2%でしたが、中小兼業農家が大部分を占めているのが実態であり、平均的農家収入の6割は農業外収入で、その最大の項目は政府からの補助金でした。さらに多くの農家が多額の負債を抱えている状態でもありました。例えば専業農家で年間販売額が４万ドルを越えているのは63・５万戸ありますが、その内で負債額が全資産の40％を越える農家が31％を占めていたのです。さらに負債率が１００％を越える農家が専業農家の４・８％を占めており、しかもそれらがコーンベルト地帯から五大湖周辺というアメリカの穀倉地帯と言われる大豆の生産地で、最も多く起きていることが問題の深刻さを表しています。

このように農家が多額の負債を抱えるようになった最も直接的な原因は、一九八〇年頃の、最もアメリカ農業が対外的にも隆盛で、ソ連を初めとした各国に対して大豆を積極的に輸出していた時に、多くの農家がさらなる生産基盤の強化をはかるために、借入金による農業の機械化、農地の拡大など大規模化を進めていったのです。当時、アメリカ社会ではインフレ傾向にあり、多額の負債を背負っても経営を拡大するメリットが大きいと見ていたのです。

しかし、ここで起こったのがソ連のアフガニスタン侵攻に対するカーター大統領の穀物禁輸でした。この輸出停止措置により、国内に多量の穀物在庫を抱えるようになり、その後の輸出不振、農地価格の下落によってこれらの負債が大きな重荷として農家の手元に残ってしまったのです。当時の農地価格の変化を見ると、一九八二年の全米平均の農地価格は１エーカー当たり８２３ドルだったのが、一九八六年には５９６ドルにまで下落しています。しかもその下落率はアメリカの穀倉地帯であるコーンベルト地帯で49―59％と半額以下にまで下落しているのです。さらにこれら不況を反映して国内のインフレ率も下降線に入るのもこの時期からでした。

このような状況に耐えられない農家の多くは、自分の農地を売りに出すことになるのです。筆者は一九八六年にアメリカの多くの大豆農家を廻ってその状況をつぶさに見ることが出来ました。どの畑にも白い「売り出し中」のプレートが立てられており、あまりの多さに自分の目を疑ったほどです。またアメリカでは連日のように穀物倉庫に入りきれない大豆が、野積みされている様子がテレビで流されていたことを思い出します。このように行き場のないアメリカ大豆が国内に野積みされていたのがこの時代でした。

もうひとつ、アメリカの農産物輸出にのしかかってきたのが、当時起こっていた中南米の累積債務国の問題でした。一九八二年にメキシコが債務の支払いが不可能になったのをきっかけに、中南米債務危機問題はアメリカ金融界を根底から揺さぶりますが、このことは同時にアメリカ農業にも直接的に影響を与えることになります。そしてこの問題を解決するためにアメリカ政府は一九八三年に四つの戦略を打ち出します。その第一項目として挙げたのは「債務国は輸出を増やし、輸入を減らすことによって金利支払いのための外貨を獲得すること」というものでした。そしてこの合意に基づいて債務国は輸入額を八一年度の6割に減らす一方、輸出をアルゼンチンでは47％増に、ブラジルは56％増に、メキシコは62％増に拡大していったのです。

このことはアメリカの農業分野に深刻な影響を与えることになります。それは中南米への農産物の輸出の減少によるものでした。それまではこれらの国へのアメリカからの農産物輸出が15％を占めていたからです。そしてさらにこれらの債務国から積極的に輸出された農産物の輸出増加がアメリカの顧客を奪い、アメリカ農産物に足かせとなることになります。このアメリカにとっての農産物の輸出減少は、対ソ連輸出減少の5倍の打撃をアメリカ農業に与えることになります。

これらが一九八〇年頃のアメリカ農家の拡大投資で、腰が伸び切っていたところへのタイミングの良いカウンターパンチとなり、農家の破綻を引き起こしていくことになります。アメリカ大豆の輸出への打撃は、八一／八二年度に比べて八四／八五年度は36％の輸出量減少になっているのに対して、ブラジルは4倍、アルゼンチンは2倍と大幅に輸出を伸ばしています。このようにこの時期の中南米の債務危機は一方で金融問題として、他方では農業問題としてアメリカに重くのしかかっていくのです。このことによってアメリカ大豆はしばらくの間国際的に競争力が衰え、停滞が続く時期になります。こうして世界の大豆地図はアメリカ一強の時代から、南北アメリカ併存への時代へと移り変わることになるのです。

二〇一八年現在の日本の輸入大豆324万トンのうち、ブラジルから輸入しているのは56万トンと全体の17％に過ぎませんが、ブラジルが世界に向けての輸出量は7500万トンと、アメリカの輸出量4760万トンを大きくしのぐほどになっています。また、二〇二〇年度のブラジル大豆の生産量も、アメリカの1億1255万トンを超える1億3300万トンと、まさに世界の大豆大国に発展しているのです。ブラジル大豆が日本の消費者に与える直接の影響は限られているかも知れませんが、ブラジルから世界に向けた大豆輸出の拡大によって、世界全体の大豆の需給バランスは安定しており、その中で日本もアメリカを中心とした北半球の大豆生産国から安定的に大豆が輸入出来ていることを考えれば、日本が行ったブラジルのセラード開発、さらにはブラジルに渡った移民たちの努力は、その成果を充分に発揮していると言えるでしょう。現在のこのような姿は100年前にブラジルに渡って初めて大豆を育てた日本からの移民の人たちにとっては夢のような話でしょう。

これらの結果として、直近の二〇二二年にはアメリカの世界の中での大豆生産比率は、一九七〇年代に80%あったものが32%にまで低下しています。またアメリカの大豆の輸出比率もかつては95%以上を占めていたのが今では35%と低迷しています。それはひとつにはアメリカ国内で大豆関連産業が発達したことにより、国内での大豆の搾油比率が高まり、輸出割合が低下したことも一部影響していると言えるでしょう。

今や南米の大豆生産量はアメリカをはるかにしのぐところまで成長していますが、ただブラジルの大豆生産には世界が懸念している問題があります。それはアマゾンの熱帯雨林での森林伐採です。一九八〇年代以降は、ブラジルは世界に向けた大豆の輸出を積極的に展開するようになります。そのためにブラジルは大豆栽培の面積を増やすために、アマゾンの熱帯雨林の森林伐採にまで手を広げてしまったのです。アメリカNASAのデータによると二〇〇〇年以降の森林伐採は一日当たり2700haに及んでいるとされています。それらは大豆畑に姿を変えただけでなく、畜産業を支える牧場としても活用されているのです。ブラジルは今や世界第一位の大豆生産国だけでなく、世界第二位の肉の生産国にもなっています。そしてこれらの森林伐採のしわ寄せはブラジル都市部での干ばつに留まらず、広く地球環境に大きいな影響を与えていると言われています。

ブラジルの熱帯雨林アマゾンは地球の肺と言われています。この広大な森林地帯は地球上に排出された炭酸ガスを吸収して酸素を生み出している大切な肺の働きをしてくれているのです。その地球の肺の働きを削って大豆畑に切り替え、そこで家畜を飼育して肉の生産を始めていることになります。このことによって今までは地球上の炭酸ガスを吸着してくれる働きをしていた場所が、逆に炭酸ガスを排出する場所へと姿を変えてしまっているのです。

大豆を栽培することは大切なことですが、地球環境を維持し、未来につなげていく「持続可能な農業」の上に立っての大豆栽培こそが今求められているのです。勿論このことは全世界の人たちが等しく参加して成し遂げなければならないことですが、特にアマゾンの熱帯雨林にはその役割が最も期待されており、今後の活動に期待を寄せたいと思っています。

18　世界の大豆栽培

　このような幾多の試練を乗り越えて、今や大豆は世界に向かって力強い国際商品へと成長してきました。しかし、第一次世界大戦の前までは、大豆は中国や日本など世界の片隅で栽培され、利用されていた地域農産物に過ぎなかったのです。そして欧米で大豆に注目が集まり、大豆油、脱脂大豆が積極的に使われるようになるのが第一次世界大戦後からです。第二次世界大戦で食糧供給がひっ迫すると一時的に大豆を食料にしましたが、戦争も一段落して食糧が安定すると欧米の食生活は再び肉食に戻り、そのことが戦後の畜産の拡大とそれを支える大豆ミール（脱脂大豆）の役割へと変わっていきました。

　また大豆油はマーガリンやドレッシングなどの食品用として使われる以外にも、工業用原料として油脂化学分野の多くの業界で利用されるようになります。

　こうして大豆は畜産飼料原料となって、人だけでなく家畜の胃袋を満たす役割も担い、大豆油も食用油だけでなく、石油に代わる新たな油脂化学分野を支える幅広い期待が高まってきたのです。このような時代の要請にこたえて、大豆は他の穀物と比べても、戦後50年間で圧倒的な伸び率を示してきています。

世界の過去50年間の、各穀物の生産量の伸び率が表16にあります。これを見ると大豆は他の主要穀物である小麦、とうもろこし、米などの生産の伸びをはるかに凌駕していることがわかります。

この表に見るように近年半世紀の穀物需要は、大豆に集中していたことを知ることができます。小麦よりもトウモロコシの伸びが大きかったのも、やはり大豆の伸びと同じ背景によるものです。トウモロコシも畜産飼料を大豆とともに支えています。さらにこれらの高まる需要に応える形で、大豆とトウモロコシが遺伝子組み換え技術によって高収量化が図られていることも生産量の伸びに貢献していることでしょう。

表16　世界の過去50年、各穀物生産量伸び率

穀物	1970年生産量 百万トン	2020年生産量 百万トン	伸び率 倍
大豆	42.13	368.13	8.7
小麦	306.53	775.71	2.5
米	213.01	509.29	2.4
トウモロコシ	268.08	1,129.00	4.2

世界の食料統計

図10　世界の大豆生産量

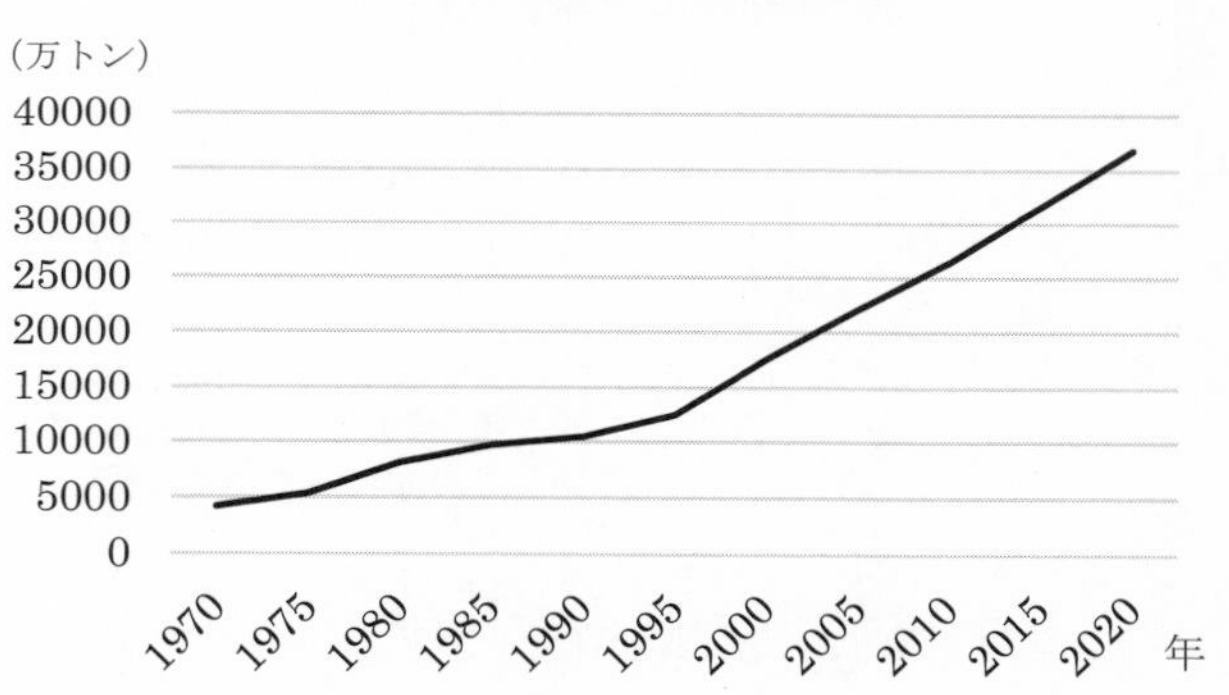

世界の食料統計

二〇二二年度の世界の大豆生産量は、3億9千万トンとされています。大豆の生産量は小麦の7億7千万トンに比べれば半分にすぎない量ですが、近年50年間の大豆の生産量の伸びを見ると、大豆に期待が集まっていた様子が読み取れます。

現在、大豆油は世界の植物油脂全体の26%と、パーム油の34%に次ぐ消費量を占めています。ただ、近年になって大豆油、トウモロコシ油には自動車燃料や航空機燃料など、従来の石油に代わる新たな用途にも期待されており、従来とは違った油脂需要増の状況が続いていることには注目しておかなければなりません。

ここ半世紀は世界の各地で地域紛争が起こってはいましたが、世界を巻き込んだ大規模な世界戦争が起きなかったことも、食料需要が順調に伸びてきた背景にあったのでしょう。民族のいかんにかかわらず、あらゆる国の経済発展が肉と油脂の消費拡大に傾いていったのが、この時代の特徴と言えるのではないでしょうか。こうして大豆ミールと大豆油は、相互に補完しながら大豆の安定した成長につながっているのです。

しかし近年になって各地で起っている高温と干ばつによる食糧生産の低迷と農業国間で起った戦争による物流の停滞は多くの人たちに不安を与えていることでしょう。今改めて食糧の安定的供給体制のあり方が問われていることと思われます。

18.1 大豆栽培の新たな取り組み

大豆栽培の歴史を振り返ってみても、その栽培方法にそれほど大きな変化が起こっていたとは思われません。種子の改良で、遺伝子組み換え技術を使うようになったのが唯一の変化といえるでしょう。しかし、最近になって栽培システムに大きな変化が起きようとしています。それはアメリカが取り組んでいる「持続可能な農業システム」と呼ばれているものです。

アメリカの農業は単に国民の食料を生産する、という内向きの農業ではなく、比較的早い段階から生産された農産物は海外に輸出するという、アグリビジネスとして育成されてきました。現在もその姿は変わっておらず、二〇一八年度で見ても、国内で収穫された大豆の41％は海外に輸出しており、小麦の54％、米の44％を輸出して外貨獲得の大きな柱となっているのです。

大豆の輸出金額は年間250億ドル以上（二〇二〇年度）に達しており、アメリカ農産物輸出額では最高額を誇っています。それだけにこれら農産物を生産する土台ともいえる土壌が失われることには、アメリカにとって大きな不安であったことは容易に想像されます。

アメリカでは大豆を生産するたびに多量の耕土が流失していた歴史があります。二〇一五年度におけるアメリカ大豆の栽培面積は8170万エーカーあり、1エーカー当たりの土壌の喪失は4・18トンだったことから、この1年間に大豆畑から失われた土壌の量は3・4億トンに上ることがわかっています。それでも35年前に比べて、その流失量は48％減少しているのです。それだけに今までの土壌の流失量がいかに激しかったか、このことからも想像できます。これらを解消して将来に向けての大豆栽培を安定させるための取り組みとして、国を挙げて「サステナビリティシステム（持続可能な農業システム）」をスタートさせたのです。

アメリカでの大豆栽培の歴史にも見てきたように、一九三五年頃に起こった耕地の荒廃と土壌の喪失に強い危機感を持った政府は直ちに「土壌保全局」を設置し、それ以降は土壌の流出防止に取り組んできました。その後、「保全休耕プログラム」や、新農業法による「土壌留保」への取り組みなどが繰り返し組まれるなど、農業環境の保全に積極的に取り組んで来ています。

新たに組まれた「持続可能な農業システム」も、最初はヨーロッパからの働きかけによってスタートしたものですが、二〇一三年には「アメリカ大豆サスティナビリティ認証プロトコル」として具体的な展開を始めていました。そして地球環境に配慮したこれらの取り組みが国連の認めるところとなり、二〇一五年九月には国連総会で「貧困や飢餓を解消して、持続可能な発展をする」ことを目指して進むことが採択され、さらにそれを受けて国連食糧農業機関（ＦＡＯ）が「持続可能な食料および農業に関する共有ビジョン」を打ち出して今後の世界的な食糧生産に活かしていこうとしているのです。

アメリカの大豆生産者たちが現在取り組んでいる、これら取り組みは四つの大きな柱から成り立っています。

① 生物多様性などに関わる管理方法：具体的には、絶滅危惧種などが認められる生息地では農業生産をしないことや、浸食を受けやすい原生林や森林をむやみに開拓しないこと。

② 生産活動に関わる管理方法：具体的には、不耕起栽培などに取り組む。また、ＧＰＳ技術など先端技術を取り入れた精密農業により播種、施肥、除草剤散布など農業の効率化を推進する。

③ 一般市民及び労働者の健康と福祉に関わる管理：具体的には、農民・市民で農薬についての安全性を学び、農薬による被害を防ぐ取り組みをしていく。

④ 生産活動及び環境保護の継続的な改善に関わる管理：具体的には、土壌保全のため休耕プログラム、環

境改善プログラム、地下水などを守る農業用水改善プログラムなどを進め、その効果を定量的に把握する測定プログラムを確立する。

これらのプログラムによって、10年後のアメリカ大豆生産の姿として、

(1)　大豆生産の効率を高めることにより栽培面積を10％少なくする。

(2)　現在よりもさらに土壌の侵食を25％減らし、エネルギー使用量も10％削減する

(3)　温室効果ガスの排出量も10％削減する

としています。そしてこれらの取り組みの一環として、すでに大豆作付面積の70％は不耕起を含む省耕起栽培になっているのです。この「持続可能な農業」の取り組みは、今後の地球環境から見ても適切な食糧生産システムだとされています。世界の農業がこのような方向に舵を切ってくれることを期待したいと思います。

19　戦争と大豆の裏面史

ここまで見てきたように大豆は日露戦争、第一次世界大戦、第二次世界大戦などの非常事態の中で市民の生命を守るという大切な働きをしてきました。さらに満州という一地方を舞台に世界に飛躍していった時代もありました。このように大豆の歴史は満州の時代を無視しては語れない、深いつながりも持っています。しかしこれまで見てきた他にも、戦争の陰に隠れた大豆の働きもあったのです。そのことをいくつか取り上げたいと思います。

19.1　日露戦争と大豆の利用

日露戦争の勝利は我が国にとって、満州大豆と結びつく大きなきっかけとなりました。一九〇五年に終わった日露戦争でのロシア軍の敗戦の原因分析が、後になって明らかになってきます。それによるとロシア軍の敗因の大きな項目のひとつが、長期の籠城による壊血病患者、夜盲症患者の続出による戦意消失であることがわかりました。つまり、冬季の野菜不足が引き起こした病気がロシア軍の戦意を喪失させていたことでした。ところが、終戦直後に日本軍が調べた報告によると、ロシア軍の倉庫には大量の大豆が積み上げられていたそうです。日露戦争が繰り広げられていたこの満州地域は大豆の大産地であり周囲の住民たちは、冬の間には大豆からもやしを作って野菜不足を補っていたのです。しかし、当時まだ大豆に馴染みのなかったロシア軍は、同じ寒さの中にいてもこのような大豆の利用方法を知らず、大量の病人を発生させてしまい、結果的に戦いに敗れてしまったのです。

記録によれば、将兵から8千人の壊血病患者と1千人の夜盲症患者が発生していたとされています。これらはビタミンCやビタミンAの欠乏によって引き起こされたものであり、明らかな野菜不足によるものです。この満州の地で展開された日露戦争で、ロシア軍が大豆を食料にしていたのは、恐らくヨーロッパ人が大豆を食料とした最初だったと思われます。だから大豆を煮たり炒めたりして食べることは出来たでしょうが、大豆もやしを作って野菜として利用することについては意識になかったのです。

その後、ロシアが大豆栽培に真剣に取り組むようになるのは、一九二一年に始まる天災による飢饉への対応からです。その対策としてロシアは、ハンガリーの大豆研究者を呼んで大豆の加工技術に真剣に取り組み、モスクワに大豆研究所を設立すると共に、5カ年計画で広範な土地に大豆栽培を定着させたという成果を残しています。その功績によりハンガリーの研究者は、一九三〇年にスターリンから勲章を授けられています。

話は変わりますが、最初にアメリカに大豆を持ち込んだイギリス生まれの船乗りサムエル・ボーエンは、大豆が壊血病予防に効果があることを中国滞在中に噂から知り、中国から大豆を持ち出して無事にアメリカまで航海して、最初のアメリカでの大豆栽培者となっています。それは日露戦争が起こる140年前のことでした。当時の船乗りにとって航海中の壊血病は死に至る大変な病気でした。それだけに船上での大豆もやしの効果についての話には、彼も敏感であったのでしょう。大豆もやしは水だけあれば船上でも短時間で簡単に作れるものです。大豆もやしの効果を知っていた彼と、知らなかったロシア軍では正反対の結果となってしまいました。

19.2　朝鮮戦争と大豆

東西冷戦中に当たる、一九五〇年（昭和25年）に起こった朝鮮戦争で、アメリカ軍を中心とした連合国軍と戦った北朝鮮軍の大豆を使った食糧戦術について紹介したいと思います。

一九四八年八月にソウルで李承晩が大韓民国（韓国）の成立を宣言します。これに対して金日成が反発して、九月九日にソ連の後援を得て朝鮮民主主義人民共和国（北朝鮮）を成立させます。その結果として北緯38度線を境に、両者が対立することになったのです。この南北両政府では、韓国の李承晩大統領が「北進統一」を唱えて北朝鮮を併合する考えを発表すると、北朝鮮の金日成首相は「国土完整」を主張して韓国併合を主張し、互いに相手を屈服させて朝鮮半島の統一を図ることを宣言するのです。

そして一九五〇年六月二五日、金日成労働党委員長率いる北朝鮮軍が、38度線を越えて韓国側に攻め込んできたのが「朝鮮戦争」の発端だったのです。この戦争は同じ朝鮮民族同志の韓国と北朝鮮との間で戦われたものだったのですが、北朝鮮側には中国軍が加わり、韓国側にはアメリカを中心とした国連軍22ヵ国が参戦したことから、東西冷戦下での自由主義陣営と社会主義陣営という側面を強く持った戦いへと発展したのです。ただ毛沢東は中国が政府軍を派遣したとなると軍事大国アメリカと軍事衝突することになるので、中国軍は名目上は、義勇軍という格好で「人民志願兵」の名前で参戦していました。こうすることによってアメリカとの直接的軍事衝突は避けていましたが、戦局展開では連合国軍を大いに悩ますことになります。

戦闘が始まった初期の段階は、戦力に勝った北朝鮮軍が38度線を越えて韓国に攻め込み、一時は南端の釜山近辺まで攻め込みますが、ここでアメリカは直ちに国連総会を開き、国連軍を創設して体制を整えて反撃に転じます。そして国連軍の司令部を東京に設置してここから全軍の指揮を執ることになります。この国連軍はアメリカ軍が中心となり国連軍がこれに加わりますが、当時日本にはすでに軍隊は存在していませんでした。しかしこの時に、日本はマッカーサーの指示によって警察予備隊が設置されることになり、色々な形で協力することになります。まず、アメリカ軍は朝鮮半島の地理については全くの無知であり、直前まで朝鮮を支配していた日本兵のアドバイスなしでは戦えない状態でした。また、朝鮮半島への海上輸送についても、日本の協力なしでは物資の輸送が出来ない状態であり、日本は連合国軍からの要請によって海上保安官や海上輸送など各方面を担当することになります。

こうして国連軍は北朝鮮軍を反撃して北の国境線（鴨緑江）近くまで押し返しますが、そこで毛沢東率いる中国軍が参戦してきたことにより戦況は泥沼化することになります。この戦いは一九五三年七月二七日に両者が休戦協定に署名していったんは終結するのですが、一九五一年の冬から両軍が越冬状態の下で展開された1211高地戦闘など、戦略上重要な局面がいくつかありました。これは現在の南北朝鮮の軍事境界線付近にある、海抜1211mの山岳地帯で終戦間際まで繰り広げられていた激しい戦いでしたが、朝鮮人民軍は厳冬の中にあってここを守り抜き、戦いを有利に休戦させることが出来たのです。

この長期戦は坑道戦とも呼ばれ、人民軍はトンネルの中で生活をしながらの戦いを続けましたが、このトンネルの中に大豆を持ち込み、大豆もやしを作り冬場に不足しがちなビタミンの欠乏を防ぎながら戦ったのでした。この戦闘でアメリカ軍は苦戦の末に朝鮮戦争から撤退を余儀なくされ、現在の南北朝鮮に落ち着いたのです。このように国連軍を相手に互角の戦いに持ち込んだひとつの戦力となったのは、長期の坑道戦にも耐え抜く体力を支えたビタミン類であり、それを補った大豆もやしの活用であったと思われます。

しかし、このように大豆でもやしを作り、冬場の野菜不足を補うという利用方法は、大豆栽培圏の中でも北朝鮮のような北部に住む、冬場に野菜が少ない地域の人たちが編み出した利用法だったと言えるでしょう。アメリカ軍の人たちは勿論、日本でも当時このような大豆の利用法はあまり知られていませんでした。これらは冬場も野菜が育つ、比較的温暖な日本においては考えられない大豆の利用法だったのです。

19.3　もうひとつの戦争と大豆

大豆が戦争に絡んでいた話をもう一つしておきます。大豆栽培をするときに緯度の高い地域では日照時間が少なくて結実をしないということが問題となりますが、この課題に道を開いたのがアメリカの植物学者のアーサー・ガルストンでした。彼は一九四三年に三ヨード安息香酸が大豆の開花を促進するという研究を完成させました。これによって高緯度や高地での大豆栽培がこの薬品を使うことによって可能となったのですが、しかし過度にこの薬品を使うと植物は過剰反応をして破滅的な結果を招くこともわかったのです。これらの研究は大豆を増産することを目的としたものでしたが、これが後には除草剤としてモンサント社によって量産され、さらには枯れ葉剤の兵器となってベトナム戦争で使われるようになってしまいます。

この薬品は日本では使われませんが、果実の着色や熟成を促進するために葉っぱを枯らして落葉を促す薬剤としても知られており、枯れ葉剤とも言われています。ベトナム戦争の際、密林の中に隠れている北ベトナム解放民族戦線の兵士を発見する目的で、密林を枯らすためにアメリカ軍が航空機からこれと類似の枯葉剤として「2，4，5─T」とダウケミカル社が開発した「2，4─D」を混合した、「エージェントオレンジ」と呼ばれる除草剤を散布していたのです。

一九六〇年当時、アメリカは共産主義の拡大を恐れていました。そして共産国ソ連の支援を受けた北ベトナムと、アメリカに支援を求めていた南ベトナムの間で紛争が勃発したのです。アメリカは北からの支援を受けて南ベトナム国内に潜伏する共産主義の反乱分子を抑え込みたかったのです。そのために、南ベトナム政府は除草剤の供給をアメリカ政府に要請して、除草剤散布作戦を始めることにしたのです。こうしてアメリカ軍が、一九六二年から一九七一年にかけて、南ベトナムで展開した枯れ葉剤作戦は「ランチハンド作戦」と呼ばれていました。

しかしガルストンは直ちにベトナムでの枯葉剤の使用に反対するのです。枯葉剤はベトナムに自生しているマングローブの林に破壊的な影響を与えるだけでなく、人間にも害を及ぼすと主張して、国防省に実験をするよう求めました。実験室でのラットを使ったテストによって、枯葉剤と先天性欠損症の間に関連があることがわかったのです。ニクソン大統領は直ちに枯葉剤の使用を禁止しましたが、多くの禍根を残すことになったのです。

当時戦時体制下にあったアメリカ政府は、すべての化学薬品会社を管轄下に入れて軍需製品を優先的に作らせていました。これらの化学薬品会社は軍に納める除草剤を短時間で製造するために反応条件を強力化していました。そのことにより副産物として発生するダイオキシンが多く、これらが人体に対して有害であることがわかっていました。ダイオキシンには強い発癌性と突然変異の誘発性があるのです。これらダイオキシンは分解されて消滅する半減期が非常に長く、それはプルトニウムに匹敵するとされています。

アメリカ軍はこれらの除草剤をベトナムに2千万ガロン散布したとされています。これらは川に流れ込み、川の流域が汚染され、水田が汚染され、そして井戸水が汚染されたのです。その結果介護を必要とする被害者が数百万人に達したとされています。さらにベトナム戦争後に残された除草剤「エージェントオレンジ」は２００万ガロン以上と言われ、それらは世界中の土壌中に埋められているのです。

こうして「2，4―D」はベトナム戦争で使用禁止になりましたが、今も「2，4―D」は多くの除草剤に使われており、除草剤による健康被害は後を絶たない状態です。

現在も食糧生産にとっては雑草の駆除は避けられない重労働です。これをどう克服するか、毎年のように化学薬品メーカーからは新たな除草剤が開発されて農民に提供されています。まだまだ現代農業に残されている大きな課題なのです。

20　満鉄が開発したもうひとつの抽出技術

今まで見てきたように、日本の大豆搾油が始まった初期の目的は、農作物を増産するために必要な窒素分豊富な肥料であり、それを作る目的でスタートしたのでした。脱脂大豆を肥料にするためには残油分が少ないほど肥料効率が良いために、いかに残油分の少ない脱脂大豆を作ることが出来るか、この研究に取り組んでいた満鉄の技術者はそこに焦点を当てて抽出技術を開発していたのです。そして有機溶剤である、ヘキサンを使った搾油技術を完成させて現在に至っています。

第二次世界大戦中には、世界の多くの国では国民の食糧不足に直面したため、脱脂大豆を使った食品開発が行われましたが、それは戦争という非常事態への一時的な対応であり、その食糧不足の時期を過ぎれば、次に脱脂大豆が向かった用途は家畜の飼料でした。こうして脱脂大豆は人への食糧ではなく、土壌の栄養や、家畜の飼料として利用されてきた歴史だったのです。

そこには脱脂大豆を食料にするという意識はなかったと思われます。そのことによって製品の脱脂大豆に有機溶剤の匂いがある程度残っていても、開発目的に充分に合致していたのです。

この溶剤抽出の脱脂大豆を、私たちの食糧とするには強い抵抗を感じます。やはりヘキサン処理の脱脂大豆は肥料用途か、飼料用途、あるいはさらに分解して工業用用途として利用するのが限界だと私は感じています。

こうして、満鉄が肥料目的で開発した大豆搾油技術も、1世紀を過ぎると大豆を取り巻く環境が大きく変化しています。それは、21世紀の地球環境に起こっている新たな課題である、地球温暖化への対応、人口増加と飢餓の解消などの食糧問題、さらには干ばつなどの水問題などに私たちは直面しているのです。そしてそれらへの対応のひとつが、大豆などの穀物を動物の飼料として与えるのではなく、肉食中心の食生活から栄養豊富な大豆など、穀物を人が直接摂取するという食糧に対する切り替えが迫られているのです。

大豆には人の栄養に最適なタンパク質や脂肪、ビタミン類やミネラルを含んでいることは広く知られています。それをあえて動物に食べさせて、動物性食品に変える必要は、栄養的には全く意味がないと言えるでしょう。むしろ動物を介することによって温暖化ガスを増加させ、同量の栄養素を動物性食品として得るには多くの穀物飼料を必要とし、穀物不足による飢餓人口の増加など、現在抱えている環境問題をさらに悪化させることにつながっていきます。

その視点に立つとき、満鉄が1世紀前に開発した、肥料目的の搾油技術は果たして現在の地球環境が抱えている課題に対して適正であるだろうか。むしろ脱脂大豆を私達が直接食べて栄養にすることが出来れば、より多くの課題が克服出来るように感じます。

実は20世紀初頭に満鉄が大豆抽出技術を開発した時に、この課題にも挑戦していたことがわかっています。しかし、そこには若干の抽出コストの差があり、しかも満鉄が抽出技術を開発していた頃の社会が求めていたのは肥料効率の良い脱脂大豆だったので、その抽出技術は社会に活用されませんでした。しかし当時の満鉄技術者は、ヘキサン抽出の弱点を克服する技術に対しても、精力的に取り組んでいたのです。それについて菊池一徳氏の資料から紹介してこのシリーズを終えたいと思います。

満鉄が研究したアルコール抽出技術

満鉄はベンジン抽出法の成功に引き続いて、大豆油の新たな抽出法の研究にも取り組んでいます。その研究の中心となったのは、戦後、人事院総裁にもなった佐藤正典博士をリーダーとしたグループでした。佐藤博士は脱脂大豆の品質改良を目指して極性、非極性の各種溶媒による抽出効率や、脱脂大豆の品質との関係を広範囲にわたって検討し、エタノールを用いる新抽出法を開発したのです。このエタノール抽出法は、ベンジン抽出法に比べて脱脂大豆の品質の優秀さに加えて、各種有価微量成分が得られるなどの特徴があるとしています。

このアルコール抽出法は、油が低温で溶解しにくく、温度の上昇によってはじめて油分が溶解するという性質を利用したもので、アルコールの沸点付近の高温で抽出操作を行い、30℃以下の低温に冷却するという操作を繰り返します。こうすることによって温ミセラ中の油分は自ずから成層分離し、しかも上層のアルコールは蒸留することなく、反復抽出することが出来るのが特徴です。ここが現在のベンジン抽出法と大きく異なります。この方法によって作られる製品の特長は、分離した原油の色は淡色、淡臭であり、さらに遊離酸と不鹸化物の含量が少なく、それらは半精製油に匹敵するレベルにあるとされています。

また、抽出残渣となる脱脂大豆はタンパク質含量が多く、窒素分として８％を下回ることはなく、しかも色も臭いも極めて淡く、食品用として利用するのに適しているとされています。

表 17　抽出法別豆粕成分表

	水分％	窒素％	タンパク質％	粗油分％
圧搾粕	16.8	6.42	40.1	7.3
圧搾板粕	10.6	6.93	43.3	5.7
アルコール抽出粕	3.2	8.22	51.4	1.2
ベンジン抽出粕	10.4	7.27	45.5	1.0

工業化学雑誌 35 巻

このようにアルコール抽出法による特徴的な変化は、脱脂大豆の品質にあるのです。この方法による脱脂大豆は、大豆に含まれる多くの微量成分がアルコールによって取り除かれるために淡色になり、タンパク質含量も高まります。そのためにグルタミン酸ソーダや醤油用原料としても適しているとされています。さらにこの脱脂大豆は不快な成分が少なく食品用途にも適しており、濃縮大豆タンパク質としての食品用途に利用できると評価されています。これらの評価から推測しても、現在盛んに研究されている大豆ミートなど、植物肉への利用に適した脱脂大豆の製造方法だと想像できます。

満鉄の経営企画を担当していた満鉄経済調査会は、この技術に対して「満州大豆工業方策」の中で、この方法を緊急に取り上げるべきと結論しています。そして「満州大豆工業株式会社設立計画書」を一九二九年に提出してこの抽出法の実現に向かっています。その中で圧搾法、ベンジン法、アルコール法による抽出方法の違いによる採算比較をしていますが、このアルコール抽出法が最も有利と結論づけています。その中身を見ると、アルコール法は加工費についてはやや高価であるが、粕と油の評価が高く、レシチンなどの有効成分が得られるからとしています。

この抽出法で得られる有価微量成分として、アルコール画分に溶出してくるものとしては、リン脂質、ビタミンB、スタキオース、ポリサッカライド、サポニンを含むグルコシド類、ステロール等です。満鉄ではこれらの微量成分の分離に成功しており、レシチンは市販されましたが、ビタミンBやスタキオースはようやく市販できるところで終戦となってしまいます。

これら一連のアルコール抽出法の研究に対してリーダーの佐藤正典博士は、昭和24年度日本化学会賞を受賞しています。

終わりにあたって

ここまで見てきたように、大豆は縄文人たちの努力によって作り出され、仏教などの影響を強く受けながら民衆の中に深く浸透していった歴史がありました。そして米を栄養面で補完するという役割を果たしながら、いろいろな大豆食品に広く利用されて、我が国の和食文化を築き上げてきたのです。

一方、隣国の一地方であった満州の地では、大豆がすでに日本とは違った歴史を歩んでいました。そこでは大豆から油脂を搾り出して、初めのうちは燈明の燃料としながらも、徐々に調理用油脂への歩みを進めていたのです。一方脱脂大豆は、江南地方の米や綿花、サトウキビの肥料としての役割が大きく広がり、やがてその流れが日本に伝わってきます。我が国の明治、大正時代の近代化の中で、脱脂大豆の肥料としての価値が高く評価されて、満鉄の技術開発によって日本にも大豆搾油の流れが始まるのです。

そして20世紀になると、世界各地で起こった戦争の中で、大豆は大きな役割を演じてきました。そこには大豆が持つ幅広い用途が多くの危機を救ってきた歴史があります。大豆には米、小麦、トウモロコシなどの穀物に勝る優れたタンパク質と油脂を豊富に含んでおり、非常時の食料としての役割を見事に果たしてきたのです。

こうして大豆が歩んできた過去を振り返ってみると、そこには一本の道となって大豆の歴史が続いている様子を見ることが出来ます。その道には太古の昔から積み重ねてきた、大豆が歩んだ足取りが刻み込まれているのです。反対の方に目を向けると、そこにはこれから大豆が直面する未来の道がいくつにも分かれて伸びているのが見えていることでしょう。現代社会が抱える温暖化、干ばつなどによる食糧不足、飢餓など緊迫した課題に対して、大豆がどのような役割を果たすのか、そこには幾多の選択の道が交差していることでしょう。

そして大豆はすでに新しい時代に向かって歩んでいます。それは地球上に住む多くの人が、持続可能な未来の食糧体制に向かって進むべき道筋を模索する挑戦でもあるのです。今までのように大豆タンパクを家畜の飼料とするだけではなく、現在起こっている地球環境への負荷をやわらげ、温暖化や飢餓を解消するという、現在の我々に求められている課題を克服する道であるはずです。大豆にはその新しい道に向かってしっかりと歩を進めてもらいたいと思っています。

さらに、現代は火星への挑戦もすでに始まっています。次世代の人類が地球を離れて月や火星で生活する時代が訪れた時には、この栄養豊富な大豆は、新たな宇宙時代の中で重要な食糧として再び働きだすものと期待しています。幾多の戦争の中で人類の飢餓を救ってきた大豆は、地球外での非常事態にも柔軟に対応することでしょう。大豆には大気中に含まれる窒素ガスを、自らの栄養として利用することが出来る微生物と共生する柔軟さを持っており、その力で古代文明をはぐくんできた過去もあるのです。すでに宇宙開発に取り組んでいる世界の先端分野では、大豆が宇宙食として有効と注目されているのです。

現在、私たちは健康長寿社会の真只中にいます。実りある人生を送るために大豆食品を積極的に摂取することを、心掛けている人も多いと思われます。今回は大豆の健康機能について、多くは触れませんでしたが、大豆には人の健康を支える多くの機能成分を含んでおり、これからの健康長寿時代には欠かせない食品だとの認識を多くの人たちが持っています。

このように大豆は縄文時代の人たちから、未来の我々の子孫に至るまで、あらゆる角度から人類を守る力強い食品ではないかと想像しています。

参考文献

加藤　昇『満州に始まる日本の大豆搾油事業』　月刊油脂 Vol73.2-7　幸書房
加藤　昇『アメリカ大豆と大豆産業の発展史』　月刊油脂 Vol73.9-Vol74.1　幸書房
加藤　昇『ダイズが歩んだ道』　ＡＲＤＥＣ　55号
朱　美栄『二〇世紀初頭から第二次世界大戦終結に至るまでの日系製油企業の満州進出とその展開』
南満州鉄道株式会社農務課編　『大豆の栽培』　大正13年
満鉄総裁室弘報課編　『満州農業図誌』　昭和16年
石田武彦『中国東北部における糧桟の動向』　北海道大学経済学部編
大浦万吉・平野茂之『日本植物油沿革略史』
安冨歩『満洲暴走　隠された構造』　角川新書
駒井徳三『満州大豆論』　東北帝国大学農科大学編　明治45年
菊池一徳『満鉄とダイズ研究』　財団法人杉山産業化学研究所
菊池一徳『アメリカ・ダイズ産業発展史』　財団法人杉山産業化学研究所
クリスティン・デュポワ　『大豆と人間の歴史』　築地書館
増野　實『世界の大豆と工業』　河出書房

● **著者紹介**
加藤　昇（かとう　のぼる）

1939 年 6 月 9 日、徳島県生まれ
東京教育大学農学部卒業
豊年製油株式会社入社。取締役中央研究所長、開発技術本部長
財団法人杉山産業化学研究所常任理事、所長、などを歴任
一般財団法人杉山産業化学研究所　顧問

＊表題は著者自筆。
＊ご質問、ご感想等がございましたら、こちらのアドレスまでお願いします。
n_kato@mvf.biglobe.ne.jp

大豆（グレートビーン）　その歴史と可能性

2023 年 5 月 21 日　初版第 1 刷　発行

著　者　加藤　昇
発行者　田中直樹
発行所　株式会社　幸書房
〒101-0051　東京都千代田区神田神保町 2-7
TEL 03-3512-0165　FAX 03-3512-0166
URL　http://www.saiwaishobo.co.jp

装幀：クリエイティブ・コンセプト　江森恵子
組　版　デジプロ
印　刷　シナノ

ISBN 978-4-7821-0474-3　C1061